JN156623

世界を変えてしまう
マッドサイエンティストたちの
【すごい発見】

ケイ・ミズモリ

ヒカルランド

まえがき　不可能を超えて地球生命を救え！
――マッドサイエンティストたちが未来の科学文明を創造する

我が国では少子高齢化が進んでいるものの、世界の人口は増え続けている。森林は伐採され、汚染物質が放出され、地球環境はますます破壊されている。化石燃料に依存した我々の科学文明がそれに拍車をかけている。移り住む惑星の発見、宇宙船の開発もなされていないにもかかわらず、自らの家である地球を汚染し続け、間違いなく地球人類は自滅への道を突き進んでいる。この地球上に存在する生命に対する我々の意識の問題が最重要ではあるものの、科学技術の停滞も大きな障害となっている。

ここで、「科学技術が停滞している？」と疑問に感じる読者もいるかもしれない。しかし、地球人類の未来を切り開くという視点において、残念ながら、我々はまだまだ科学技術など発展させていないと筆者は考えている。

これから本書で展開される内容は、人類が生命の謎や宇宙の謎、そして、不可能と思われるような技術獲得へと迫るにあたり、避けて通れない問題、解決せねばならない課題を論じたものである。もしその課題を乗り越えれば、地球環境の破壊を大幅に食い止められるかもしれない。あらゆる病気を簡単に治す方法を確立できるかもしれない。新たな推進システムで宇宙旅行が可能になるかもしれない。つまり、そんなことに一気に繋（つな）がるぐらい、様々な謎が解けてくる可能性がある。

過去に、そんな課題に直面した研究者たちがいた。彼らは注目すべき発見を行い、時にその発見を有効活用する術も得ていた。それだけでも十分大きな成果であった。だが、彼らはその先に未知の広大な世界が広がっていたのを垣間見た。それは、常識を超えた世界であった。その入口に到達した先駆者にとって、まったく不可解な世界であったのだ。その世界の存在を受け止め、科学的・合理的に理解するには、極めて高いハードルを越えなければならなかった。ほとんどの科学者たちは何かの間違いだと考えた。ハードルの存在も、その先の世界の存在も認めることなく、立ち止まることはなかったのだ。一方、一部の科学者はそれを量子力学の枠内に取り込み、その特異性の究明を放棄してしまった。そのため、そのハードルの先に広がる未知の広大な世界がいかに重要な意味を持つのか、気づくことのできた先駆者はごくわずかだった。もしそのハードルを乗り越えることができれば、既に触れたように、桁外れの飛躍が得られる可能性がある。常識を超えた不可解な世界とは、本当は天国のような世界だったのではあるまいか。

本書で取り上げる事例は、読者からすると、まったく統一性を欠くように思えるかもしれない。だが、すべてが1本の線で繋がっている。その謎が解ければ、人類の未来は大きく開かれる。それぐらい大きなテーマである。

筆者は、前作『ついに反重力の謎が解けた！』（ヒカルランド）において、古代の賢人が巨石の重量を軽減して運搬する術を心得ていたことを指摘した。残念ながら、すべての情報をまとめきれず、残り半分の情報公開は先延ばしにする選択を行った。だが、事実上、本書の内容はその続きに相当する情報を多分に含んでいる。すなわち、前作と併せてお読みいただければ、さらにもう一歩、重力克服法の一つに迫ることができるだろう。

但し、それは、そのように意識して読み進めていかない限り、気づかないかもしれないレベルで記している。本書は、反重力をテーマにしたものではなく、行き詰まる科学文明を打破するのに必要と思われる視点を提示したものである。つまり、結果的に、生命や宇宙のしくみにも、反重力にも役立つだろう情報を含めたものである。

少なくとも、筆者はそのように信じて本書を記すと同時に、読者がその謎の解明に挑むことを期待している。そして、すべては1本の線で繋がっている。それを感じていただけたら幸いである。

目次

【超医学編】

Project 1

死人を蘇らせ、人体を再生せよ！
——細胞に同調を促すことが蘇生医学の鍵

Project 2

ガンも完全防御へ！ 高次元で健康を維持する新モデルを作り出せ！

――色と音のバランス原理が病気を防ぐ鍵

【超生物学編】

Project 3
生命を育む未知の生体エネルギーの謎を追え！
——植物から考察されたエーテルと生物学的元素転換が鍵

Project 4
波動の透過と健康の密接なる関係を明らかにせよ！
——植物の無線通信の仕組み解明が鍵

【古代超科学編】

Project 5

古代人が建てた宇宙エネルギーの捕獲アンテナの謎を探れ！
――ヒマラヤとアイルランドのタワーに秘められた科学を解く鍵

【未来超科学編】

Project 6

反重力テクノロジーと波動科学の新たな扉を開け！

――「未知の波動」の解明と活用が地球人類進化の鍵

カバーデザイン　櫻井 浩（⑥Design）
カバーフォト　Ayumi
校正　麦秋アートセンター
本文仮名書体　文麗仮名（キャップス）

【超医学編】

Project 1

死人を蘇らせ、人体を再生せよ！

——細胞に同調を促すことが蘇生医学の鍵

死んだ動物を生き返らせる方法がすでに発見されていた⁉

——細胞に同調を促すことが蘇生医学の鍵

水生生物を人工的に生成されたばかりの純水の中に入れると死んでしまうことがある。だが、そんな水でも太陽の光に数時間曝(さら)せば、「生きた水」に変わり、その中で生きていけるようになる水生生物は多い。多くの代替科学の研究者たちは、水が太陽から生命維持に関わる磁気エネルギーを得た結果であると考えており、筆者もその例外ではない。以下の情報は、日本では筆者が初めて紹介したものと思われるが、その説の妥当性を考えさせられるものである。

19世紀の終わりから20世紀の初頭にかけて、生命の秘密に迫る大発見を行いながらも、忘れられていった医師がいる。米インディアナ州の内科医チャールズ・W・リトルフィールド博士である。

リトルフィールド博士は「原則、生命は有機的機能に依存しない」という驚くべき見解を示した。つまり、生命は、臓器（器官）が機能しなくなったあとでも、有機体に注入されうるとしたのである。もっと具体的に言えば、動物が臓器や組織に致命的な損傷を負うことなく死に至った場合、その動物を蘇(よみがえ)らせることができることを意味する。

そのように主張したからには、リトルフィールド博士は実際に死んだ動物を蘇らせることができたということなのだろうか？　その通りである。リトルフィールド博士は極めてシンプルな化学物質を利用して、動物を完璧に蘇らせるデモンストレーションを繰り返しやってのけたのである。

そんな馬鹿なことはありえないと読者は思われるだろう。だが、リトルフィールド博士はアメリカではゾンビ実験を繰り返した奇人として知られており、当時の記録も残されている。現在ではありえない行為として非難されることになるだろうが、リトルフィールド博士は、猫、犬、サル、そして他の下等動物に死をもたらしては復活させる実験に繰り返し成功したのである。

そのプロセスを紹介しよう。

まずは、蘇生（そせい）措置に不可欠な化学物質を作り出すために、含油樹脂を含む食塩水を遊離アンモニアを含む空気に数時間曝す。それによって作り出されるものは、まさに人体に見られるものを再現したものだという。そして、その水溶液の水分を蒸発させて、粉末を取り出す。これが蘇生措置を可能とする物質である。

次に、実験に用いる犬や猫を溺死させて、十分に時間をおいて、絶命したことを第三者に確認してもらう。その後、博士は温めた石や陶器の皿の上にその死体を載せ、生きている時の体温に近づけ、予め用意しておいた粉末を全身に振りかけて覆う。すると、3～4分以内に死体からは蘇生の兆候が現れる。そして、15分以内には、死んだはずのどの動物も元気な状態に回復したのである。

既に触れたように、蘇生措置を成功させる条件は、臓器や組織に致命的な損傷を負っていないことで、病気や怪我等でそれらが衰弱・損傷している場合は除外される。

因みに、生き返った動物たちは、最初は怒りを露にするが、それは1時間程度で収まり、どの動物たちもリトルフィールド博士になつき、離れるのを嫌がるようになったという。

また、水嫌いの猫は、他の動物よりも苦しんで死ぬためか、蘇生の反応がやや鈍く、蘇生後も肺炎や肺の炎症を起こしがちだという。但し、そのような場合、粉末を内服させると症状は消え、正常に回復するという。

死後、どの程度経過すると死体を蘇らせることができなくなるのかは明らかとなっていないが、死後熱い日光の下で2時間経過し、死後硬直の始まった猫においては5分以内で生き返っている。また、ハエやハチに対しては、12時間後でも2～3分で蘇らせることができた。

実は、この蘇生措置は、人間に対しても行われた例がある。氷上から水中に落下して命を落とした少年に対して試みられたのである。医師たちは通常の人工的な方法で蘇生措置を試みたが、その努力は報われなかった。そこで、リトルフィールド博士による蘇生措置が許されたのである。

リトルフィールド博士は少年の遺体を1・6キロ離れた自分の研究室まで運び、即座に粉末を振りかける蘇生措置を行った。すると、動物同様に15分以内に少年は生き返り、何の異常もないことを確認したのだった。

水、アルコール、食塩、アンモニアに磁気が作用して生命が創造される？

ところで、リトルフィールド博士によると、動物に生命を吹き込んでいる源泉は揮発性の磁気にある。それは大気中に含まれ、肺を通じて体内に取り込まれるという。

だが、その揮発性の磁気は、大気中に均質に含まれているわけではなく、含有量が少ないと、我々は健康に不調をきたす。そんな磁気の不足を補うために、リトルフィールド博士は数年の研究を経て、空気中から吸収して集めた液体を合成することに成功した。それが先ほど紹介した塩を主成分として作られた液体であり、その水分を蒸発させた粉末だったのである。

そんな磁気の影響力は、博士によると、微小粒子に一滴の液体を加えれば簡単に顕微鏡で観察されうる。その粒子は形容しがたいエネルギーと生命力で飛び回るのが見られるというのだ。

博士は決して自身の研究内容を秘密にすることなく、詳細を公表してきたと言われている。

チャールズ・W・リトルフィールド医学博士

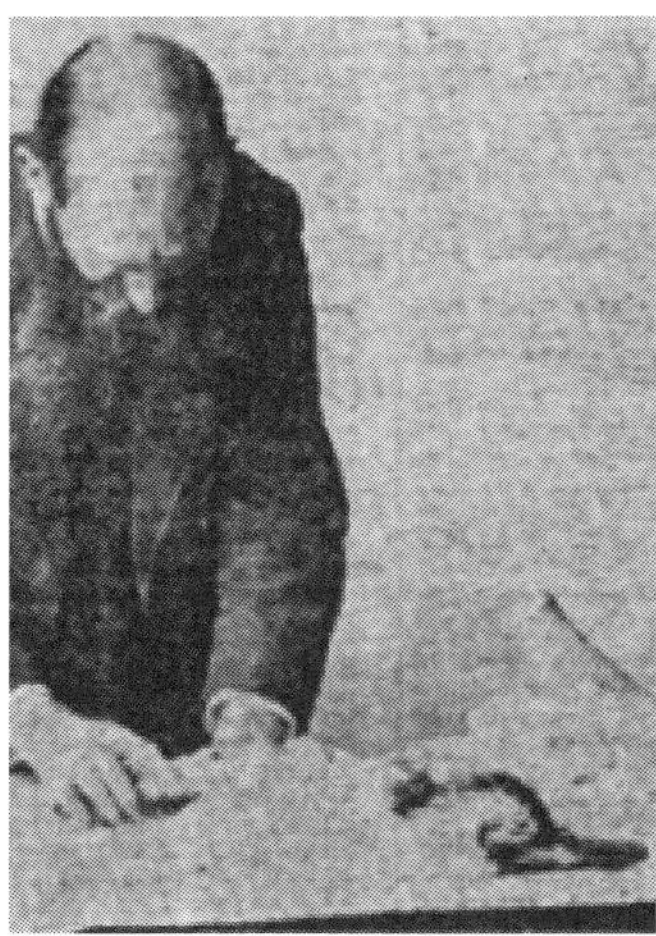

粉末によって死んだ猫を再生させた時の様子

LIFE IS NOW PRODUCED CHEMICALLY

Dr. Charles W. Littlefield, of Indiana, Makes Experiments With Results Most Startling.

Special to The Globe.

ANDERSON, Ind., July 24.—With one ounce of common salt, with six ounces of pure water, six ounces of 90 per cent alcohol, all mixed in an ordinary glass dish, and two ounces of aqua ammonia distributed in five small plates, all covered by a glass tube and air-tight, Dr. Charles W. Littlefield, of Alexandria, Ind., this afternoon declared and proved that he had created life in the form of thousands of atoms or animated substances similar to well-developed germs of life and trilobites.

Only ninety minutes were consumed while salt crystals were impregnated with the hydrogen and volatile magnetism of the chemical solution and transformed into living forces that immediately sought nousishment through mediums that Dr. Littlefield termed feeders, lacking any technical name.

Microscopic examination showed that crystals not affected by the chemical mixture retain their original cubic of square form, while the magnetised crystals were of hexagon shape, with life first appearing in the center and spreading until the crystal was round and finally of globular shape. A mass of the life substances possessed magnetism of pronounced degree radiating a power that would separate the crystals and then draw them together again.

It has not been determined what the germs or atoms would propagate.

リトルフィールド博士の研究成果を伝えた1902年の記事

だが、残念ながら、残された資料が乏しいため、今となっては、博士が作り出した粉末の詳細、そして、磁気の正体について、補足できる情報はない。

とはいえ、博士が生命の神秘に関わる重要な部分を発見していた可能性は高い。

実は、リトルフィールド博士は、生命（微生物）の創造にも成功したと主張していたのだ。

その実験は以下のように行われた。

まず容量1クオート（1リットル弱）の浅いガラス容器、小さなガラス皿数枚、これらの容器を入れられる大きなベルジャー（釣鐘型ガラス容器）、そして高精度の顕微鏡を用意する。そして、食塩（塩化ナトリウム）、アルコール（エタノール）、アンモニア、蒸留水を使用する。

ガラス容器の中で2オンス（約57グラム）の食塩を6

オンス（約170グラム）の蒸留水で溶かす。そして、90％の純アルコール6オンスを加える。次に、2オンスのアンモニア水（水酸化アンモニウム）を加え、透明ガラス棒でよくかき混ぜる。出来上がった溶液は小さなガラス皿に注がれ、それらの上にはベルジャーを被せる。

化学反応が始まり、数分後、水素の泡が液体表面に形成され始める。よく観察してみると、小さな球体が高速旋回するのが分かる。1時間半後、泡の形成はなくなり、必要な液体が整ったことになる。

ここで、不安定な溶液中の小球を即座に観察できるように、予め倍率を合わせておいた顕微鏡を用意しておく。そして、小球を含む溶液をごく少量、皿からスライドガラスへと移し、すぐに顕微鏡にセッティングする。

観察してみると、分離された粒子が中央から周辺部へと極めて高速で動くのが認められる。しばらくすると、結晶が現れ始め、最初に形成されるのは、塩化ナトリウムの透明な立方体だが、それらがさらに成長していくことはない。このあと、他の結晶形成が続き、溶液の表面にはいくらか六角形の結晶も現れる。そして、その微小な六面体から基本生物の成長が起こる……。

リトルフィールド博士は、電流がコイルにエネルギーを吹き込むように、生命のない物質に、生命と呼ばれる不可解な力が加わることに気づいた。そして、微生物が有する作用は、構造と組成において、一連の定まった連続的な変化によってなされ、それは自身の独自性を壊すことなく、内部で起こるという。

この基本的な生命必須要素の成長は順番に起こる。それは六角形の結晶から、滑らかな円盤型の遊離細胞に変容する。それは赤血球とよく似ているという。円盤型の細胞は徐々にその表面に対して垂直方向に拡大し、アメーバのように摂食や移動に利用する仮足のようなものを突き出した卵型になる。

リトルフィールド博士は自身の研究成果についてこのように語っている。

「私はこれらの細胞又は菌がたくさん成長していくのを注意深く観察しました。それらは、上述の描写の通りで、間違いようもない外観で、生命プロセスの現実でした。さらに、ミネラル物質は、外側から増大することと、常に同じ形を留めるわけではないことを除けば、変化することはありません。私の実験の結果から、そこには二つの要素があると結論付けざるをえませんでした。一つは、特定のエーテル振動に起因する力または影響です。そして、もう一つは、その印象的な振動に応答できるように配列された特定の原子の組み合わせです。

自然界には原子構造において非常にうまく構成・配列された組み合わせがあるので、光のそれよりも高次の電磁的発現として作用する振動を阻止できます。これらが我々に物理的生命現象（身体的寿命）をもたらすのです。この化合物の物理的基礎は、アルコールから容易に得られる水素の存在下での塩、アンモニア、水です」

特定のエーテル振動に触れると生物は自然発生する⁉

さて、創造された生物は最終的にどのようなものだったのだろうか？　リトルフィールド博士は、肉眼では不可視のその微生物に衝撃を受けた。驚くべきことに、その姿はアメーバやゾウリムシのような原始的な単細胞生物の外観をしているのではなく、昆虫の成虫の姿をしていたのである。博士はそれまでに確認されている生物の姿をくまなく調べてみたが、同一のものは発見できず、未知の生物であると断定した。その微生物をあえて描写すれば、引き延ばされたイエバエのようで、頭からは2本の触角が、胴体からは6本の脚が突き出ていた。頭部に最も近い2本の脚は、胴体との比率で言えば、バッタの脚ほど長く、背中の羽は透明で明るい色の毛で覆われていた。因みに、この実験を数千回繰り返してもこの微生物は現れたという。

ニワトリが先か、卵が先かという視点では捉えがたいが、このケースでは細胞分裂の末にニワトリが生み出されたということになるのだろうか？　生物は自然発生するのかという点で言えば、条件の揃った培地の中、特定のエーテル振動に触れることで起こりうると言えるのかもしれない。だが、もちろん、リトルフィールド博士が成功したとする生物創造実験に関しては、

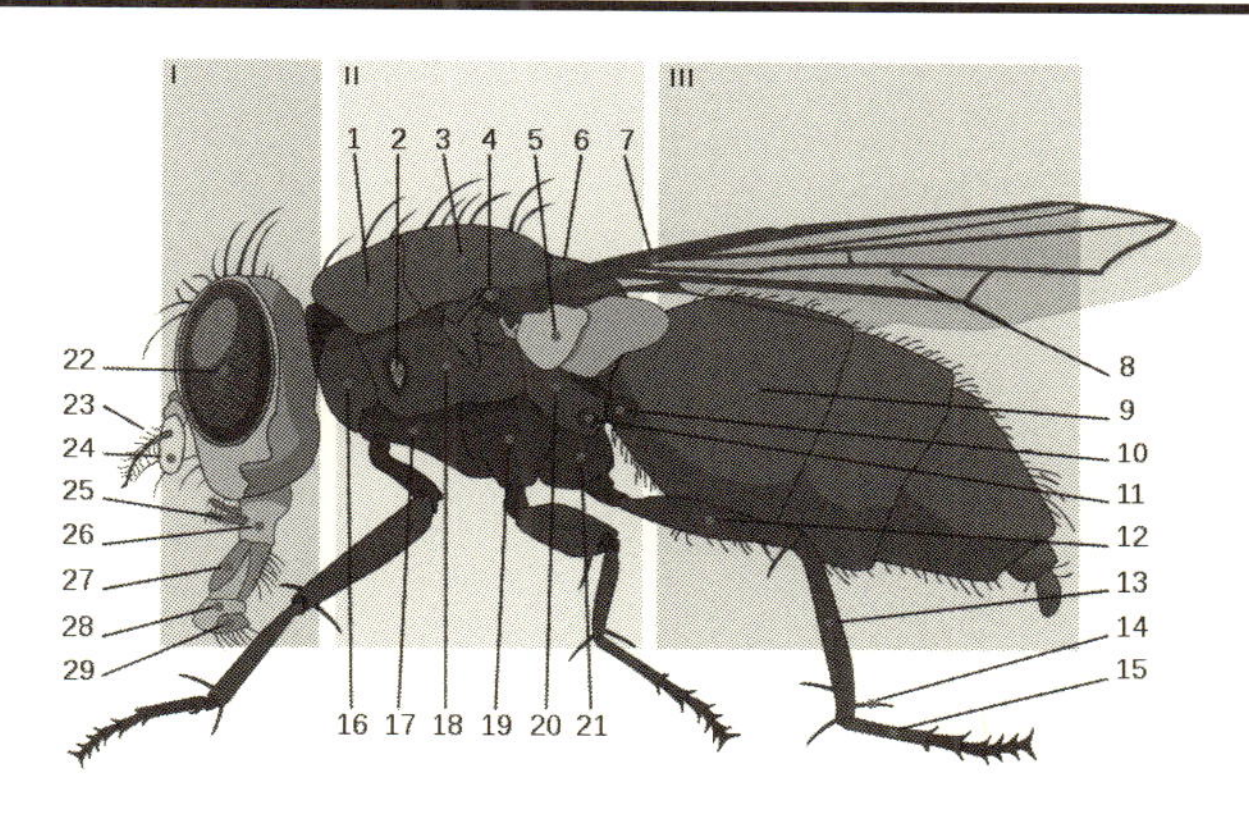

イエバエ画像：Georg-Johann
https://commons.wikimedia.org/wiki/File:Housefly_anatomy-key.svg

AN AMERICAN DOCTOR'S CLAIM.

DR LITTLEFIELD OF VIRGINIA CLAIMS TO HAVE DISCOVERED A SALINE POWDER WHICH QUICKLY RESTORES ANIMATION.

A telegram from Indianapolis to a New York paper, dated Sept. 21, says:—

Dr C. W. Littlefield, of Alexandria, Va., who for fifteen years has been pursuing his investigations on the vital principles by experimenting with cats, dogs, monkeys and other lower animals, has at last made known the results of his work. He makes the assertion that he can restore life. He asserts that the principle of life, in substance, is volatile magnetism.

In demonstrating his theory, the doctor employs a solution of saline origin, with salt as the basis, saturated with oleo, resin, and exposed for several hours to an atmosphere of free ammonia.

The chemical thus formed, he declares, is an exact reproduction of conditions existing in the human body. The volatile magnetism is drawn into the body from the atmosphere through the lungs, and finding present in the body tissue mineral compounds, the potent atmosphere is at once absorbed, held in bounds, and later compounded by natural processes with the tissue and organic formations.

In other words, by securing through artificial means the solution which has proved so effectual in his experiments, the doctor asserts he is only duplicating on a small scale what occurs in the human body when air enters lungs and becomes the life-giving atmosphere of a normal body.

Having secured this saline solution, Dr Littlefield reduces it to a powder that he has employed throughout his long course of experiments. For example, having put to death a dog or cat by drowning, and allowed the corpse to remain long enough to convince anyone following his investigations that life is extinct, Dr Littlefield takes it, and, without preparation of any kind, places it upon a heated stone or porcelain plate, brought to a temperature corresponding to that of the normal body, and covers it thoroughly with a light layer of the powder.

SPEEDY RESURRECTION.

Within three or four minutes from the time the powder has been coated over the dead body signs of life manifest themselves, and within fifteen minutes from the time the resuscitating methods were begun, in every instance, the subject has returned to normal life.

Possibly one of the most peculiar features of the doctor's experiments is the fact that, upon regaining consciousness and life, in every instance, the beasts have displayed intense anger. This, after an hour or so, however, wears away, and the subjects become greatly attached to Dr Littlefield, refusing to be separated from him. Cats, the experimenter has discovered, are probably less responsive to his methods than animals of similar importance in the animal scale.

This, doubtless, is due to the fact that a cat, having been killed by drowning, suffers more than other animals, and following resuscitation usually evince symptoms of pneumonia or lung inflammation, due to the irritation and exposure induced by direct contact with the water. In such cases, however, a few drops of the powder administered internally have served invariably to relieve the sufferer and restore the subject to normal conditions.

Dr Littlefield asserts in a statement prepared some time ago that he has not yet discovered how long a time may elapse between death and the time of the attempted resuscitation before his theory and its operation become ineffective. A cat remained dead two hours, and during this time was allowed to remain in the hot sun until rigor mortis had set in. The corpse was then placed upon the heated porcelain and powder applied, and the animal returned to consciousness within five minutes.

リトルフィールド博士に関する当時の記事

密閉性に問題があり、コンタミネーション（試料汚染）の結果であるとして片づけられるのが一般的な判断だと思わる。

しかし、代替科学・代替医療の研究を行ってきた筆者からすると、イエバエ似の微生物の発生に関しては疑問は残るものの、リトルフィールド博士は実際に生命の謎の最奥部に到達していた可能性は高いと感じている。そう思わせる理由として、リトルフィールド博士は、特定のエーテル振動に起因する力または影響、そして、その印象的な振動に応答できるように配列された特定の原子の組み合わせという重要な2点に注目していたからである。

生物が健康を維持するには、身体を構成するすべての細胞に、主に電磁気的な刺激を利用して振動（波動）を隅々まで行き渡らせ、同調を与えることが不可欠である。これは、現代科学がようやく発見しつつあることである。以下もそれを示唆するものである。

指先を再生させた「妖精の粉」の驚くべき機能

2008年4月、アメリカのリー・スピーヴァックという男性が事故で指先を切り落としてしまったが、「妖精の粉」と称される特別な粉末を振りかけることで元通りに再生させることができたという注目すべきニュースが報道された。

このニュースは、四肢の再生をも可能にする驚異の物質だとして、世界中のニュースメディアが飛びつき、大々的に報じられた。そのため、記憶にある読者も多いのではなかろうか。一方で、その直後、深く切り落とされたとしても、指先は自然に再生治癒することは珍しくないとして、インチキだという認識も広まった。そこで、すぐにがっかりしてしまった読者もいたかもしれない。

だが、その後の研究の進展を含め、冷静に振り返ってみると、それがインチキだとされた背景には、メディアが誇張して大々的に取り上げてしまったことに一因があったことが分かってきた。また、「妖精の粉」と称された特別な粉末は、いわば自然治癒力を引き出す触媒として作用するもので、決して非科学的なものではないことも見えてきたのである。

そもそも、「妖精の粉」とは、英スコットランドの作家ジェームス・マシュー・バリーの戯曲『ピーター・パン』や小説『ピーター・パンとウェンディ』などに登場する妖精ティンカー・ベルが振りまく粉である。彼女の「妖精の粉」を浴び、信じる心を持てば空を飛べるとされる。そのため、実際には空を飛べるという意味合いではなく、傷を癒やす「魔法の粉」といった意味合いで使用されていたと解釈した方がいいだろう。

しかし、いったいリーに何が起こったのだろうか？　あらためて振り返ってみることにしたい。

そのニュースが報じられる3年前の2005年のことである。オハイオ州シンシナティ在住のリーは、ラジコン航空機の愛好家で、誤って回転中のプロペラに触れて、骨は失わなかったが、人差し指の指先を斜めに2・5センチに及んで切断してしまったのだ。その時、組織移植を受けるように勧める声もあったが、兄アランの説得により、リーは「妖精の粉」と称された特別な粉を振りかける治療を試してみる方を選んだのだ。

妖精ティンカー・ベル

実は、アランは組織再生を研究する内科医で、「妖精の粉」を作り出す研究に関わっていた。「妖精の粉」とされるものは、食用豚から取り出した細胞外マトリックス（基質）を加工した最先端の治療薬の呼称だった。ここで、細胞外マトリックス（ECM）とは、生体を構成する体細胞の外側にある線維状や網目状の構造体で、生体組織を支持するだけでなく、細胞の増殖・分化・形質発現の制御にも重要な役割を果たしているものである。

具体的に「妖精の粉」の作り方を紹介しておこう。

まず、豚の膀胱（ぼうこう）を切り開いて平らに伸ばし、筋肉の層を削り取る。次に、残ったコラーゲン豊富な組織を酸の中で揺すって洗う。そして、紙状の細胞外マトリックスを乾燥させて、粉状にすり潰して出来上がりである。

リーは、この粉末を定期的に指先に振りかけることを続けたところ、数週間で、指先は本来の長さに成長し、爪や指紋もみごとに再生したのだった。

哺乳類の指のような四肢は、程度によっては自然治癒によって再生されることはあるとしても、基本的に、サンショウウオの四肢のようには再生されない。また、肝臓のような臓器のごとく再生されることもない。指先は、皮膚、脂肪、結合組織、骨、腱、神経、血管などを含み、複雑な構造をしているのだ。だからこそ、再生医療の発展は急務であると同時に注目されていると言っていいだろう。

特に、アメリカ陸軍はこの分野の研究に力を注いできた。四肢を失うなど、負傷した兵士の治療は優先順位が高いからである。

そこで、アメリカ陸軍は「妖精の粉」を開発したピッツバーグ大学のスティーヴン・バディラック博士による再生医学に投資してきたのである。

「妖精の粉」は、細胞外マトリックス（ＥＣＭ）の加工品であり、実際のところ、同様のものはいくつもの研究機関が作り出している。専門家に言わせれば、決して魔法の万能薬ではないものの、その有効性は知られてきたものである。

外傷部や内部組織の断裂を繋ぐために使用されると、触媒として機能して、体細胞の成長を促すのだ。細胞足場の上で成長するとともに、それはゆっくりと体内に吸収・代謝されてゆき、

細胞外マトリックス（俗称「妖精の粉」）を作るACell社を創設したアラン・スピーヴァック博士

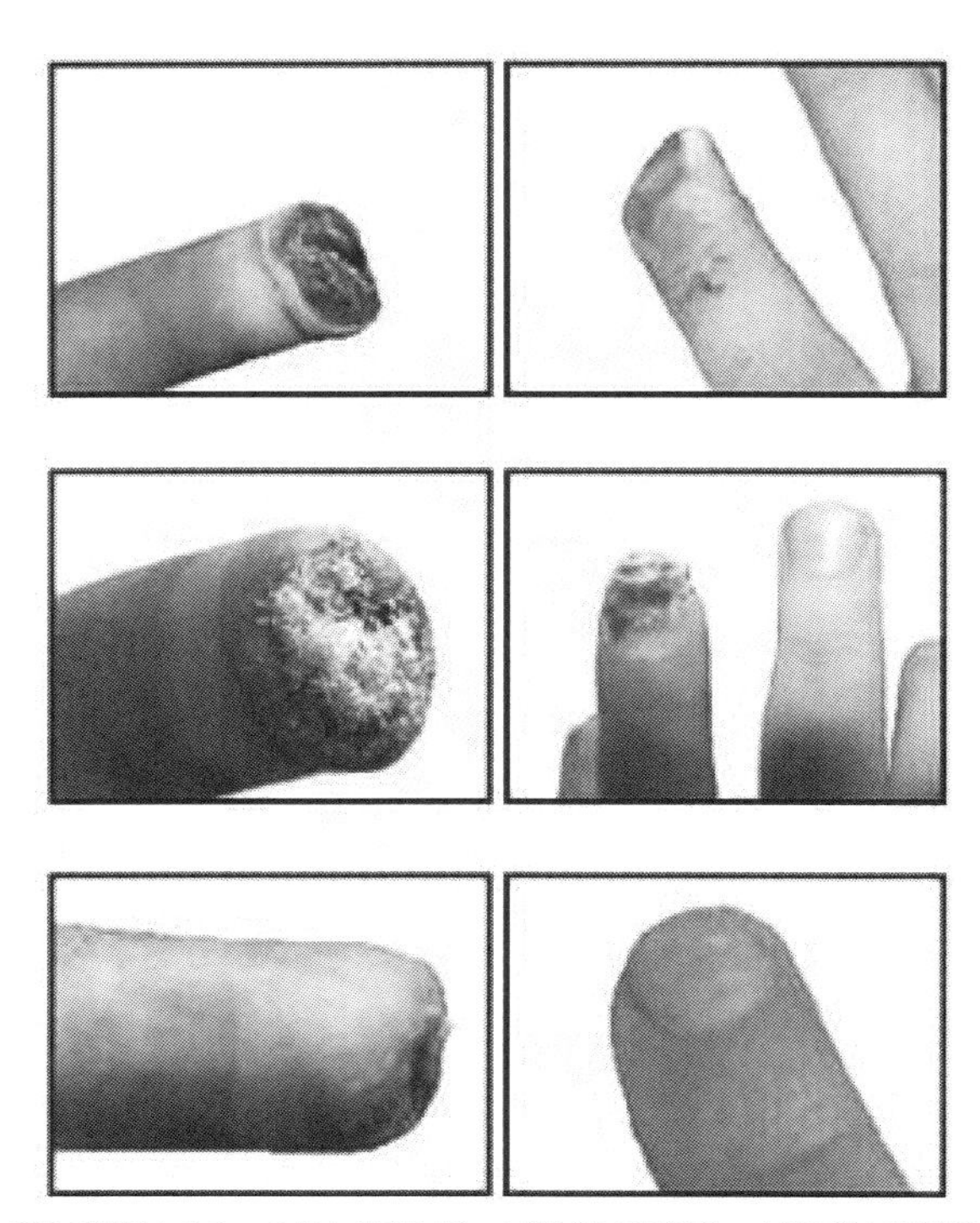

妖精の粉による3つの異なる再生例。左側が約2週間後、右側が約10週間後

通常組織の生成と治癒を早める。それは実際に髄から幹細胞を引き寄せ、それらの幹細胞は、少なくとも部分的には、迅速でより完全な治癒をもたらすという。

これまでに、シンプルな外傷だけでなく、食道、鼓膜、ヘルニア、嚢(のう)、整形外科に関わる手術において効果を発揮しており、皮膚、靭帯(じんたい)、筋肉組織の断裂の治癒にも役立っている。バディラック博士は、２００８年にその詳細を『ポップ・テック』誌で報告している。

超音波によって歯や骨がこうして再生される

リー・スピーヴァック氏のケースでは、骨まで失っていなかった。我々は骨折しても再び繋ぎ合わせる能力は備えているが、骨を大きく欠いてしまった場合、それを再生することはできない。それが可能となれば、再生医学は大きく発展する可能性がある。

実は、そんな骨の再生が、歯や顎の骨においては既に成功している。

２００６年６月、カナダのエドモントンにあるアルバータ大学の研究者らは、低出力超音波パルス技術によって歯や骨の再生が可能なことを発表した。

同大学歯学部教授のタンク・エル・ビアーリ博士は超音波を利用し、歯に刺激を与えて再生させる可能性に注目してきたが、口腔(こうくう)内で使用するため、無線で操作可能な小型の超音波発振器を求めていた。

そこで出会ったのが、同大学の工学部教授でナノ回路設計のエキスパートであるチエ・チェン博士である。そして、チェン博士は、豆粒よりも小さな無線式低出力超音波パルス発振器を開発した。

それは患者の口の中に入れられ、歯列矯正器や取り外し可能なプラスチック歯冠（クラウン）に取り付けられる。そして、優しく歯茎をマッサージして、根から歯の成長を刺激するのだ。毎日20分、４か月間継続することで歯の成長が促進されるという。

エル・ビアーリ博士は、１９９０年代にはウサギの歯系組織の修復に低出力超音波パルスを与えていたが、今やヒトの歯や骨に対しても幅広く応用できる段階に到達している。

破折歯や病んだ歯、不均整な顎骨の修復だけでなく、ホッケー選手や子供たちが歯を折った際にこの技術を使用できる。例えば、片側顔面萎縮症の患者は、これまでは繰り返し外科手術を行う必要性があったが、この技術を下顎（の骨）に対して使うことで、手術なくして、成長を促進して修復しうることを発見している。

彼の研究は歯科矯正学を専門としたアメリカの歯学誌『アメリカン・ジャーナル・オブ・オルソドンティックス・アンド・デントフェイシャル・オルソペディクス（American Journal of Orthodontics and Dentofacial Orthopedics）』で出版され、２００5年9月にパリで開催された世界歯科矯正学会で紹介されている。

電位差、細胞外マトリックス……同調を促すものが再生・治癒に効く

動物の中でもサンショウウオの再生能力はずば抜けている。四肢を失っても数週間で再生させられるだけでなく、損傷した肺の修復、切断された脊髄（せきずい）の修復、脳の損傷個所の補充ですら可能である。そんな再生能力に注目したニューヨーク州立大学の教授ロバート・ベッカー博士は、サンショウウオが身体に電位差の勾配を形成して再生を促していることを発見した。具体的には、胴体はプラス帯電していたのに対して、失った四肢の患部はマイナスに帯電し、再生が終わるとこの電位差は消失したのである。一方、四肢を再生させることのできないカエルにおいては、このような電位差が形成されていなかったことから、ベッカー博士は切断部位を人工的にマイナス帯電させてみたところ、四肢を再生させることに成功したのである。つまり、電気的な刺激が再生・治癒を促すのである。

以上のことを振り返ってみると、我々の自己再生能力は、通常では発動しないが、眠っている部分があり、それを呼び起こせる方法が少しずつ見えてきている段階にあるように思われる。

サラマンダー（有尾目）写真＝Camazine

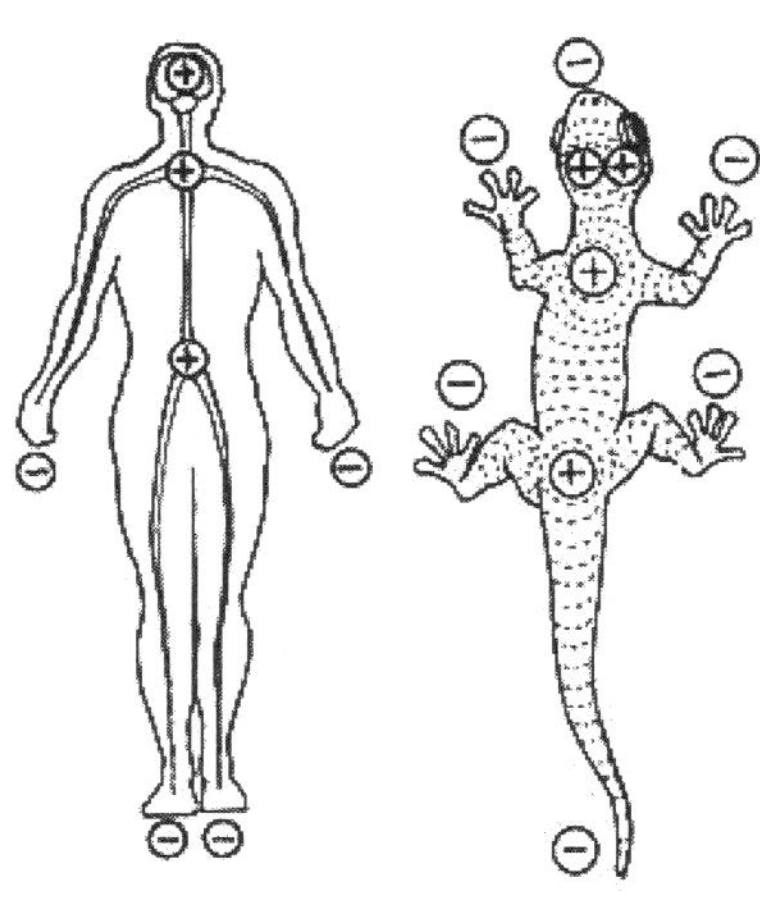

人体とサンショウウオにある電位差

筆者の考えでは、本来、生物は臓器や細胞レベルであれ、同調を求めるとともに、同調するようにできている。これが鍵になるのではなかろうか。

ご存じのように、日本においては、iPS細胞やES細胞といった万能細胞（多能性幹細胞）による再生医学が急速に発展しつつある。そこでは、事前に培養しておいた細胞を患部に施用し、患者の体に馴染ませる（同調させる）ことが前提となる。だが、逆に言えば、同調しようとする性質が利用されているようにも思われる。

この物質世界においては、同じ素材、同じサイズの物体同士が集まり、特定の周波数の振動・波動が与えられると、それらは秩序だって連動する傾向が見られる。その参考になるのは、ドイツの物理学者エルンスト・クラドニ（1756－1827）やスイスの物理学者ハンス・ジェニー（1904－1972）らが築いたサイマティクスと呼ばれる学問である。特定の周波数の音波振動が膜や界面に秩序だった形状やパターンを作り出す現象を研究したものである。分かりやすい例を挙げれば、太鼓の皮面の上に粉末を載せて振動を与えると、粉末は皮面上で飛び跳ねるが、特定の周波数においては互いに秩序を生み出し、様々な模様を浮かび上がらせるのである。

もちろん、生物は原子そして細胞という均質なユニットで構成されており、その条件は揃っている。

同調に必要なことは、常時、振動・波動が隅々まで行き渡ることである。それぞれの細胞というユニットを同調的に活動させるためには、その周囲に信号を伝えると同時に支える物質（媒質）が必要となる。それがまさにコラーゲン・ヒアルロン酸・プロテオグリカンなどに満ちた細胞外マトリックスなのである。おそらく、細胞外マトリックスは、各細胞を同調的に振動させる能力が高いがために、「妖精の粉」のように粉末に加工されても、何らかの形でその能力が残されるのではなかろうか。

一方、超音波による振動は、物体を構成する粒子や細胞の隅々までその振動を伝えることに

エルンスト・クラドニ

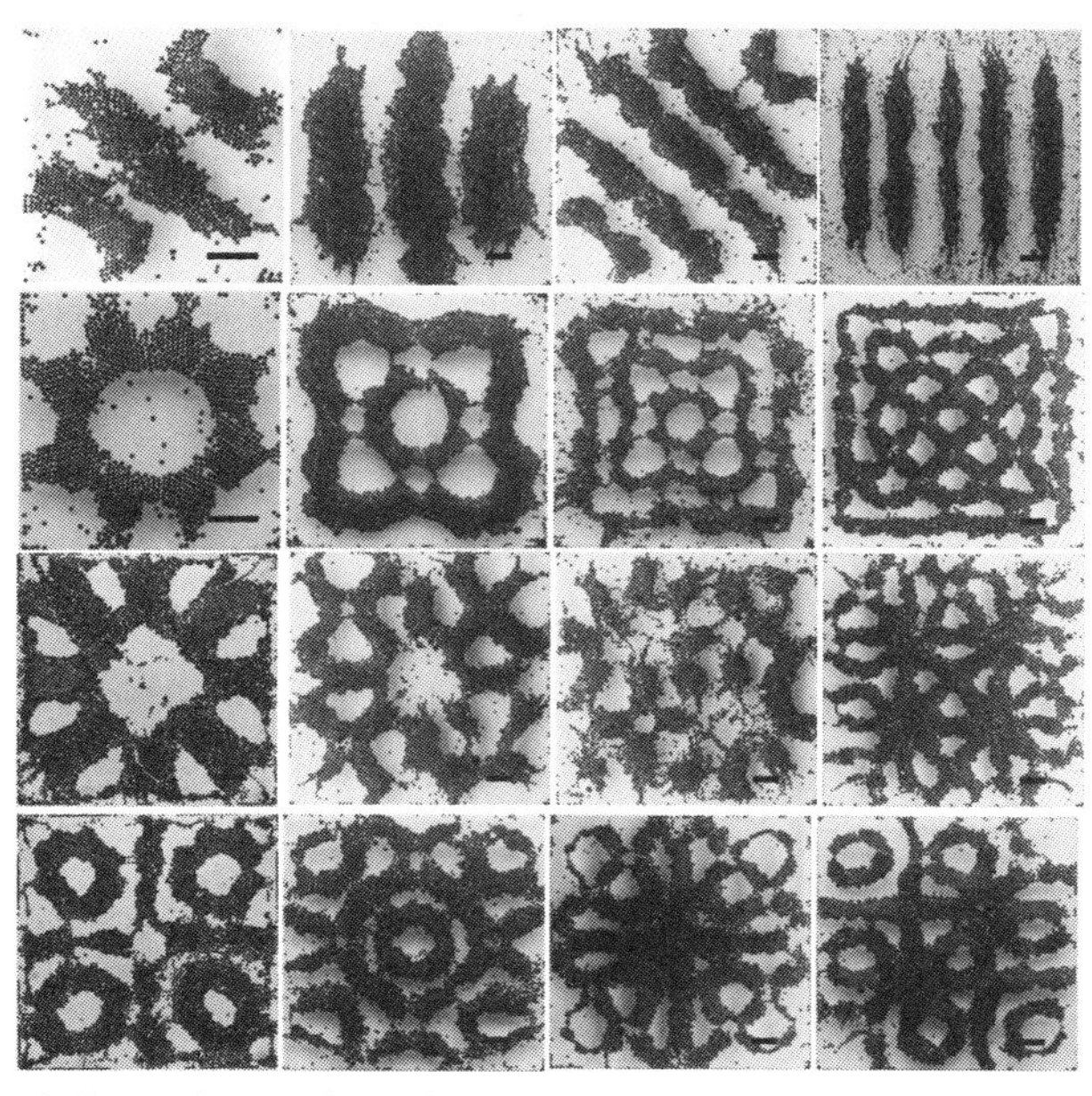

水の容器を振動させて得られる定在波（ファラデー波）をテンプレートとして、直径200 μ m のビーズを凝集させたもの。写真 =Faraday Telsa

役立つ（細胞をアンテナと考えれば、同じ構造のアンテナは同様に無線信号を受信し、互いに共振することにもなる）。また、患部に電位差を生み出し、急いで電気を流し、振動・波動を伝えられれば、再生を効果的に促しうる。

我々は、呼吸が止まってしまったヒトに対して、救命措置として心臓マッサージを行う。心臓マッサージは、1分間に100回ほどのペース（1・67Hz）で心臓に振動を与える行為である。また、AEDによって電気ショックを与える方法もある。これは、一瞬のことであるが、体の隅々まで電気という刺激を行き渡らせ、細胞の同調を呼び覚まそうとする行為である。

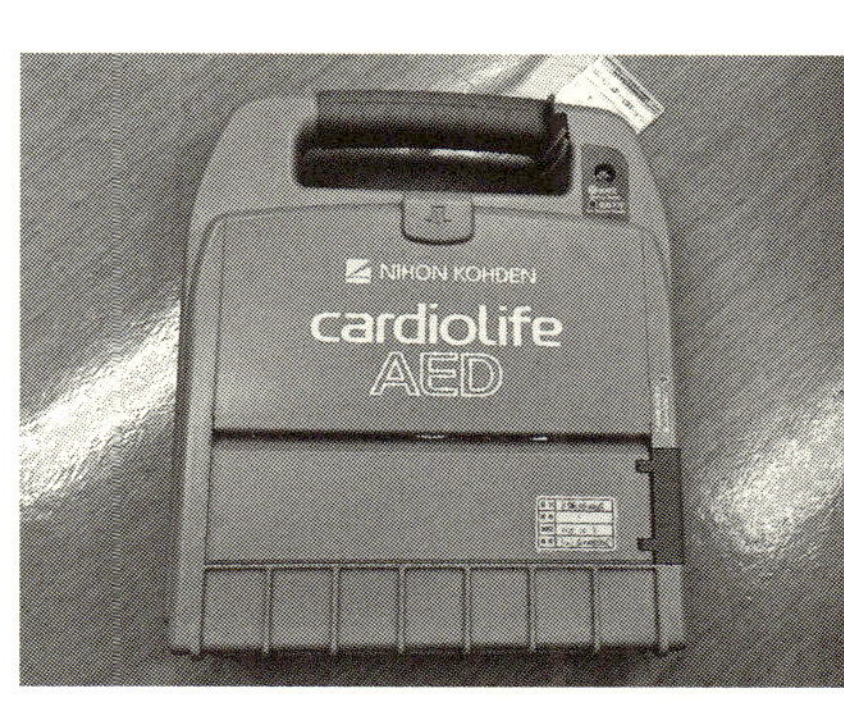

AED 写真＝メルビル

物理の世界では、コヒーレント・フォノンという現象があるのだが、それが参考になるだろう。物質は、原子で構成されているが、固体物質は、必ずしも原子がきちんと整列して構成されているわけではない。だが、ある特定の電磁パルスを照射すると、ごく一瞬のことであるが、原子の向き（位相）を含め、すべての粒子が隅々まできれいに整列する現象が見られるのである。これは、まさに原子や細胞といった均質なユニットで構成された人体に同調をもたらすきっかけを与えるものだと言えるだろう。

命を吹き込むために必要不可欠な成分×電磁気・振動の作用

さて、振動は生命の誕生や維持には欠かせないものであるが、振動を与える物質にはどんな成分が必要とされるのだろうか？

２０１７年７月、微生物（単細胞）タンパク質の一群は電気と二酸化炭素（空気）によって作り出すことができ、食料ですら生産可能であることがＶＴＴフィンランド技術研究センターとラッペーンランタ工科大学によって示された。そんな食料は、具体的には、微生物の作用を借りながら、水と空気中の二酸化炭素を使い、電気分解によって作り出され、タンパク質が50%、炭水化物が25%、残りは脂肪と核酸からなる。そして、利用する微生物次第でこの構成はいくらか変えることができるという。

これは食糧危機を救う技術だとして期待されているが、生命の誕生と成長に対するヒントも見て取れる。成分に注目してみると、水を作り出す水素と酸素、二酸化炭素に含まれる炭素、そして電気がある。尚、示されていなかったが、窒素もタンパク質を構成するアミノ酸に必須のため、どこかで加わっているものと思われる。

死んだ動物を蘇らせ、生命をも作り出すことに成功したと言われたリトルフィールド博士は、水、アルコール（エタノール）、食塩、アンモニア、そして磁気が有効だと語っていた。水はすべての生物にとって不可欠な存在と考えられ、水素と酸素の重要性が分かる。また、エタノールには炭素、アンモニアには窒素が含まれ、これらも不可欠な要素として考えられる。

ここで、豚の膀胱から作り出した「妖精の粉」は、コラーゲン・ヒアルロン酸・プロテオグリカンなどに満ちた細胞外マトリックスであったが、当然、いくらかの水分や塩分（塩化ナトリウム）が含まれる。それだけでなく、膀胱は尿を蓄えることから、尿素（アンモニア）、すなわち、窒素が含まれることが分かる。また、有機体として炭素も含まれる。さらに言えば、リトルフィールド博士が死んだ動物を蘇らせた際に使った粉末には、含油樹脂が含まれていた。それは、「妖精の粉」に含まれるコラーゲン・ヒアルロン酸・プロテオグリカンなどに対応する物質と言えるのかもしれない。つまり、両者においては極めて共通点が多いことが分かる。

一方、リトルフィールド博士が語った磁気については、一般には理解しがたい側面もあろうが、（磁石に弱く反発する）反磁性体の食塩は磁気を呼び込む力があることからその重要性を推測できるだろう。これは、生体磁気を生み出すために生理食塩水を必要としているのだと言い換えることができるのかもしれない。そして、磁気とは、電子のスピンによって生み出されるものだと考えれば、電気と同源で、電子の作用が不可欠だと考えられる。因みに、音波は、電子をその波に乗せて運ぶ能力があることが近年報告されており、振動と電気による刺激を与えうると考えられる。

ここで思い当たるのが雷である。我々は、雷が植物の生長に大きな役割を果たすことを知っている。例えば、キノコは原木を物理的に叩く衝撃（振動）だけでなく、雷（電気）によってその発生が促される。また、稲のような植物も、雷によって生長が刺激されるが、その背景として、雷によって空気中に発生する窒素酸化物が雨とともに大地に流れ込むことがあるとされている。

これらを総合すると、少なくとも水素、酸素、炭素、窒素という要素に電磁気・振動が作用して、同調を促すことが、生命の誕生や成長の鍵となる可能性が見えてくる。今後は、これらをうまく組み合わせ、狂人と見なされたリトルフィールド博士の成功を今一度振り返ってみることで、再生医学は大きく飛躍していくようになるのではなかろうか。

【超医学編】

Project 2

ガンも完全防御へ！高次元で健康を維持する新モデルを作り出せ！

——色と音のバランス原理が病気を防ぐ鍵

色が健康のバランスに効果をもたらす

身体を再生し、死人すら蘇らせる技術を手に入れることも重要であるが、それ以前に健康を維持する秘密についていくらか考察しておく必要があるだろう。ヒトはこの世界で最も完成度の高いスーパーコンピューターのような存在で、様々に変化する環境においても、健康を維持できるように、絶妙なバランスを保つ能力を有している。

真夏の暑い日でも、真冬の寒い日でも、我々の体温は一定の範囲内に収まるようになっている。これはホメオスタシス（恒常性）と呼ばれる、生物が有する能力の一側面だが、バランスの維持と捉えることができる。日頃、我々は特別なことは行っていないが、体温、血圧、体液の浸透圧など、適切なバランス・レベルを保つべく、身体は自動的に応答する。また、これほど完璧な応答とはいかなくとも、無意識に応答する感覚もある。例えば、暑い時には冷たいものを欲しがり、寒い時には温かいものを欲しがる。それによって、その後に何を行うかは、意識的あるいは無意識的な判断に委ねられるが、いわばヒントが与えられているため、誰でも似たような対応をとるものである。

だが、健康に直結するにもかかわらず、食事、運動、睡眠などの生活習慣に対しては、我々はなかなかヒントを得ることはできない。栄養価に富んだ食事であっても、自分の好みが反映し、いつも同じような中身であれば、バランスが崩れて弊害が出る。残念ながら、我々は野生動物とは異なり、体内の栄養状況を察知して土を食べてミネラルを補給するなど、適切なタイミングで自ら軌道修正を図ることはできない。

そこには知識が必要になる。我々は変化に富む環境の中、常に動いて生活しており、その都度、最善と思われるものも変化していく。そんなことも考えていかねばならない。薬はその典型であり、ある時期、病気の人には利益をもたらしても、健康な人には有害となりうることがある。人間を含めた生物の健康にバランスをもたらすものとして、何か一つ絶対的なものが存在するというようなことはないのである。

例えば、色（可視光線）のもたらす効果にもバランスに対する意識が必要である。

昨今、ブルーライトから目を守るメガネやフィルターが普及している。ブルーライトとは、その名の通り、青色の光を意味するが、具体的にいえば、可視光線において波長が380〜500nm（ナノメートル）の電磁波である。可視光線の中でも波長が短く、紫外線に近い波長域にあるブルーライトは、強いエネルギーを持っており、角膜や水晶体で吸収されずに目の奥の網膜にまで到達するとされる。パソコンのほか、テレビやスマートフォンも同様にブルーライトを強く発している。

また、近年急速に普及しつつあるLEDは、特にブルーライトを多く発するため、我々はこれまで以上にブルーライトに曝されるようになっている。そんな背景もあって、ブルーライト対策商品が注目されているとも言えるだろう。

だが、そんなブルーライトの性質を逆に利用する方法もある。紫外線は殺菌力が強く、短時間で細菌を死滅させるが、ブルーライトは紫外線の波長域に近く、医学の世界では、より安全な殺菌剤としてその効果が期待されているのだ。

例えば2013年、米ウィスコンシン大学ミルウォーキー校（UWM）の保健科学学部の学部長で光線療法で有名なChukuka S. Enwemeka博士と助手のDaniela Masson-Meyers氏は、ある波長のブルーライトがメチシリン耐性黄色ブドウ球菌（MRSA）を死滅させることを発見している。2つの広がったMRSA菌株の92％が、1回の照射で死滅したのだ。

MRSAは、抗生物質のメチシリンに耐性のあるバクテリアだが、他の多くの抗生物質にも耐性を持つため、一度感染してしまうと治療が困難となる。そのため、ブルーライトが治療効果を発揮するという発見は画期的であり、抗生物質とは異なり、副作用や耐性の問題は少ないのではないかと考えられている。

因みに、このMRSAに対する殺菌力は、必ずしもブルーライトが紫外線に近いがために治療効果を発したというわけではない。また、ＭＲＳＡ以外の多くのバクテリアに対してまで殺菌効果を持つことはない。生物ごとに苦手とする特定波長の電磁波が存在すると言えるのかもしれない。

様々な波長の色を利用した人体への治療法が普及しつつある

一方、同大学の同僚で生物医学の准教授Jeri-Anne Lyons博士によると、難病として知られる多発性硬化症（ＭＳ）は、ある波長の近赤外線の照射によって改善しうることをマウス実験で確認している。また、同大学のJanis Eells教授によると、毒作用によって視力を失ったネズミへ近赤外線を照射する実験においては、繰り返しネズミは視力を回復させたという。どうやら近赤外線には炎症を抑える作用があるようだった。

Eells教授はさらに実験を重ね、近赤外線はミトコンドリアとシトクロムＣ酸化酵素に作用して細胞を修復させうることを突き止めるに至った。だが、現時点では、どれだけの強さで、どれだけの時間曝すのが最善なのかを含め、まだ詳細は分かっていないが、具体的に、６７０nmと８３０nmの波長は有益であるものの、７３０nmの波長は決して有益とは言えないという。

なお、波長６７０nmは可視光線における赤色光、波長７３０nmはさらに赤外線に近い濃い赤

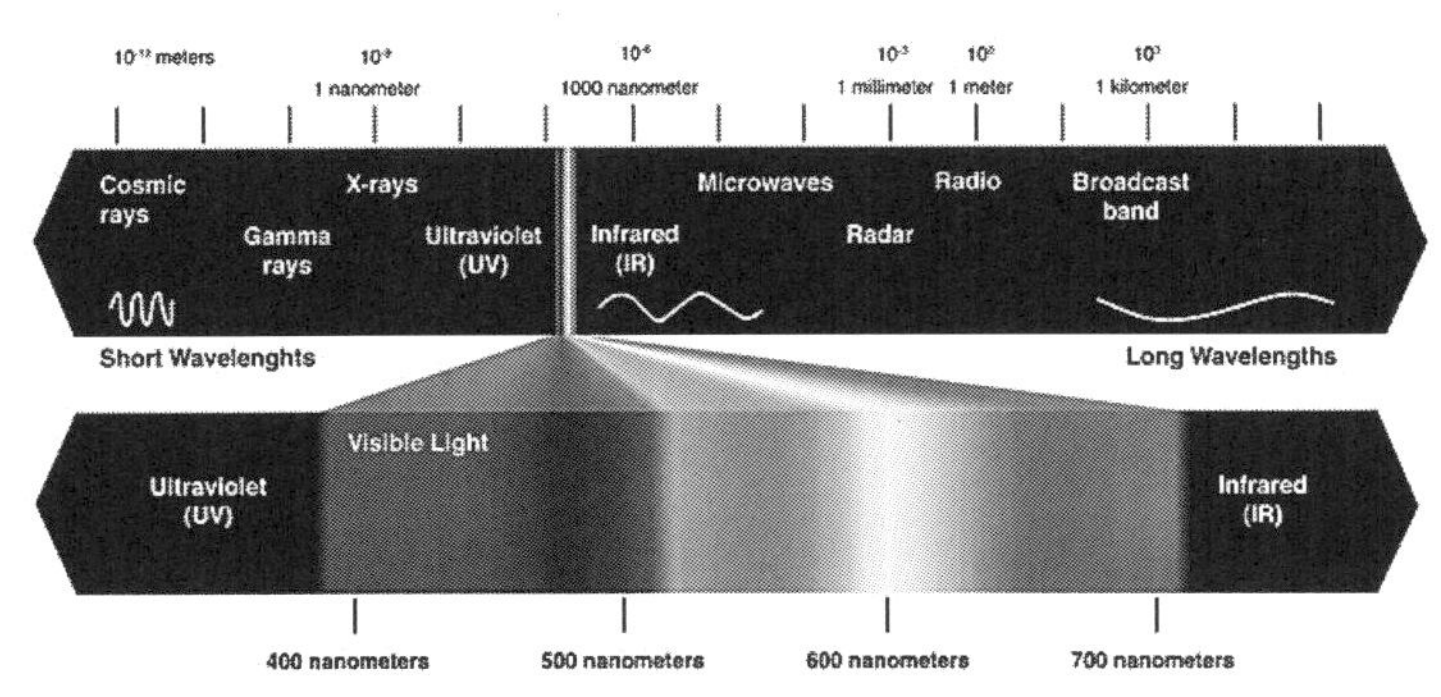

近赤外線照射の波長図（670nm と830nm は有益、730nm は有益と言えない）

色光、そして、波長830nmは赤外線領域に入った不可視の電磁波に相当する。つまり、赤色光の領域にあればどれも同じような効果が期待できるわけではないことが分かる。

実は光線療法に限らず、色を使った民間療法は世界的に知られている。日本では、治癒効果のある色をシールにして、皮膚表面に張り付ける色彩療法が存在する。例えば、国際色彩診断治療研究会会長の加島春来（かしまはるき）氏は、色が様々な病気や怪我に治癒効果をもたらすメカニズムの解明に尽力した先駆者である。加島氏によると、障害を受けた細胞から出る波長と同じ波長をもたらす色のシールを体に貼付すると、色の波長が病気の波長を打ち消して、細胞や組織を正常化させていくのだという。

色彩療法によって多くの人々が治癒効果を体験し

てきているため、色が人体に無視できない効果を及ぼしていることは間違いない。だが、患者が抱える問題、すなわち、衰弱するなどの異常を示す波長（色）を見つけ出す方法に関しては、いわゆるOリングテストをはじめ、ラジオニクスとして知られる波動測定器が利用される傾向にある。そんな方法においては、非科学的と思われがちな熟練を要する。そのため、正当医学のスタンスからは、簡単に受け入れられるものではなく、さらに客観的な診断法が望まれる。

治癒へと導く「音の周波数診断法」を誕生させた特殊能力者

だが、実際のところ、今から三十数年も前から患者が抱える問題の波長（周波数）を客観的に見つけ出す方法は存在していた。それは、色ではないが、音の周波数を利用した方法で、バイオアコースティックスと呼ばれる。人の声を録音し、縦軸に音圧、横軸に周波数としてグラフ化すると、健康な人の場合、グラフはほぼ水平で滑らかな曲線となる。一方、病気や怪我を抱える人の場合、特定の周波数において上下に乱れが現れるのである。普通の人はそんな人の声を聞いただけでは、乱れた箇所の周波数は分からない。

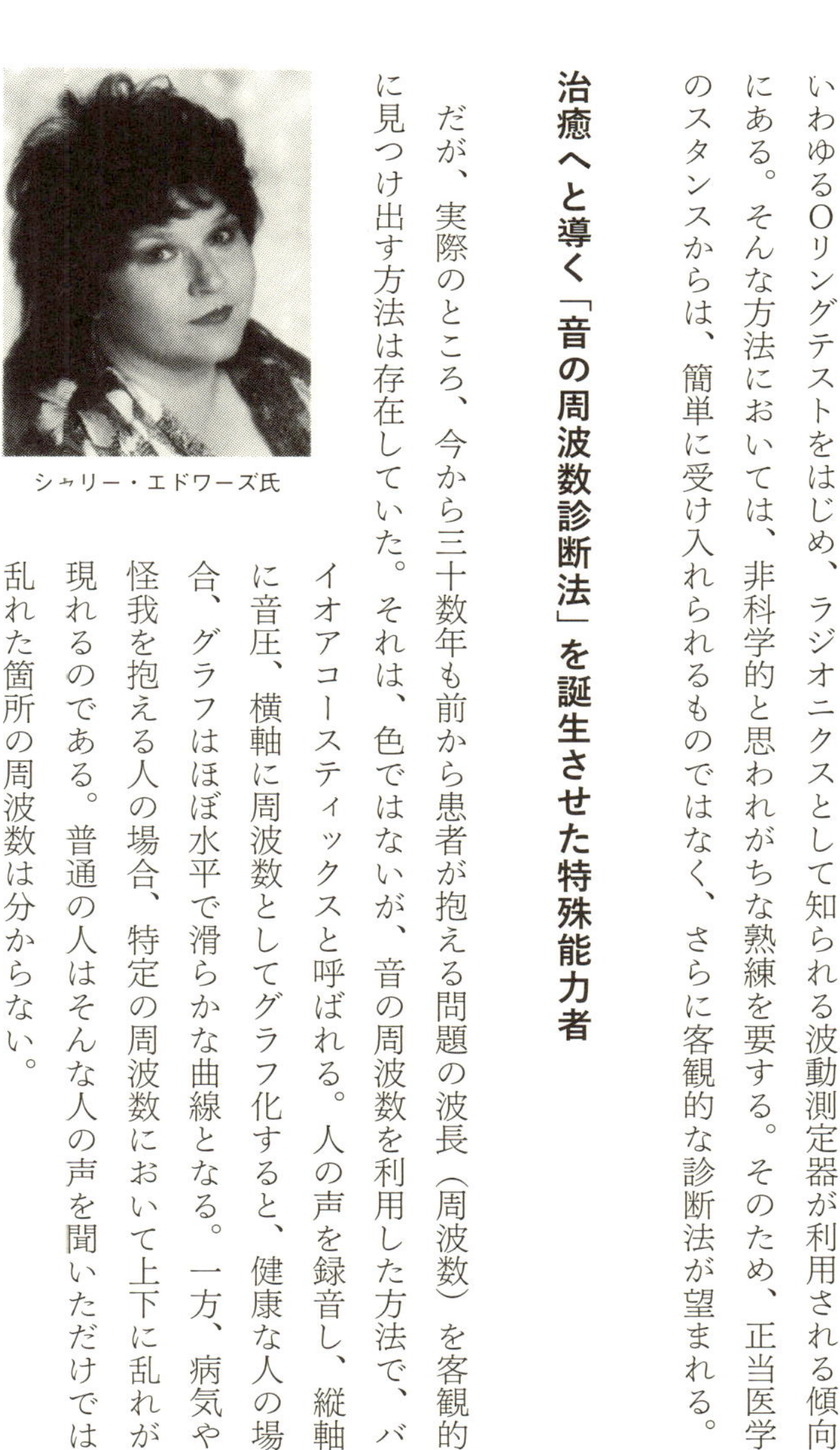

シャリー・エドワーズ氏

だが、米オハイオ州のシャリー・エドワーズ氏は、生まれつき特殊な聴力を持ち、それが分かるだけでなく、あらゆる物体が発する音を聞くことができる。それは、生物からに限らず、無生物からも聞こえてくるという。ある時、エドワーズ氏は、病気や怪我を抱えている人からは、健康な人からであれば聞こえるはずの音が出ていないことに気づいた。そして、こんな音が聞こえないのだと自ら発してみたところ、相手の病気や怪我が癒やされるという体験をしたのである。つまり、結果的に色彩療法で確認されたように、問題とされる周波数（波長）と同じ周波数（波長）の音を利用することで治癒効果を得たのである。

健康体からは、幅広い周波数の音が均等に発せられるが、一部の音が弱くなるか、逆に強まることによって異常が認識される。そんな問題となる音を見つけ出し、治療効果を生む音を発することは、基本、エドワーズ氏の特殊能力に依存していた。

この技術を役立てるためには、一般の人々でも問題となる音を見つけ出せるようにせねばならない。そんなことを考えていた際、都合の良いことに、人の声が人体から発せられる音を反映していることにエドワーズ氏は気づいた。そこで生まれたのが、縦軸を音圧（dB）、横軸を周波数（Hz）として、人の声をグラフ化するボイス・スペクトル分析であった。

次ページ上のグラフは骨形成過多症に苦しむメリッサという女性のボイス・スペクトルを表

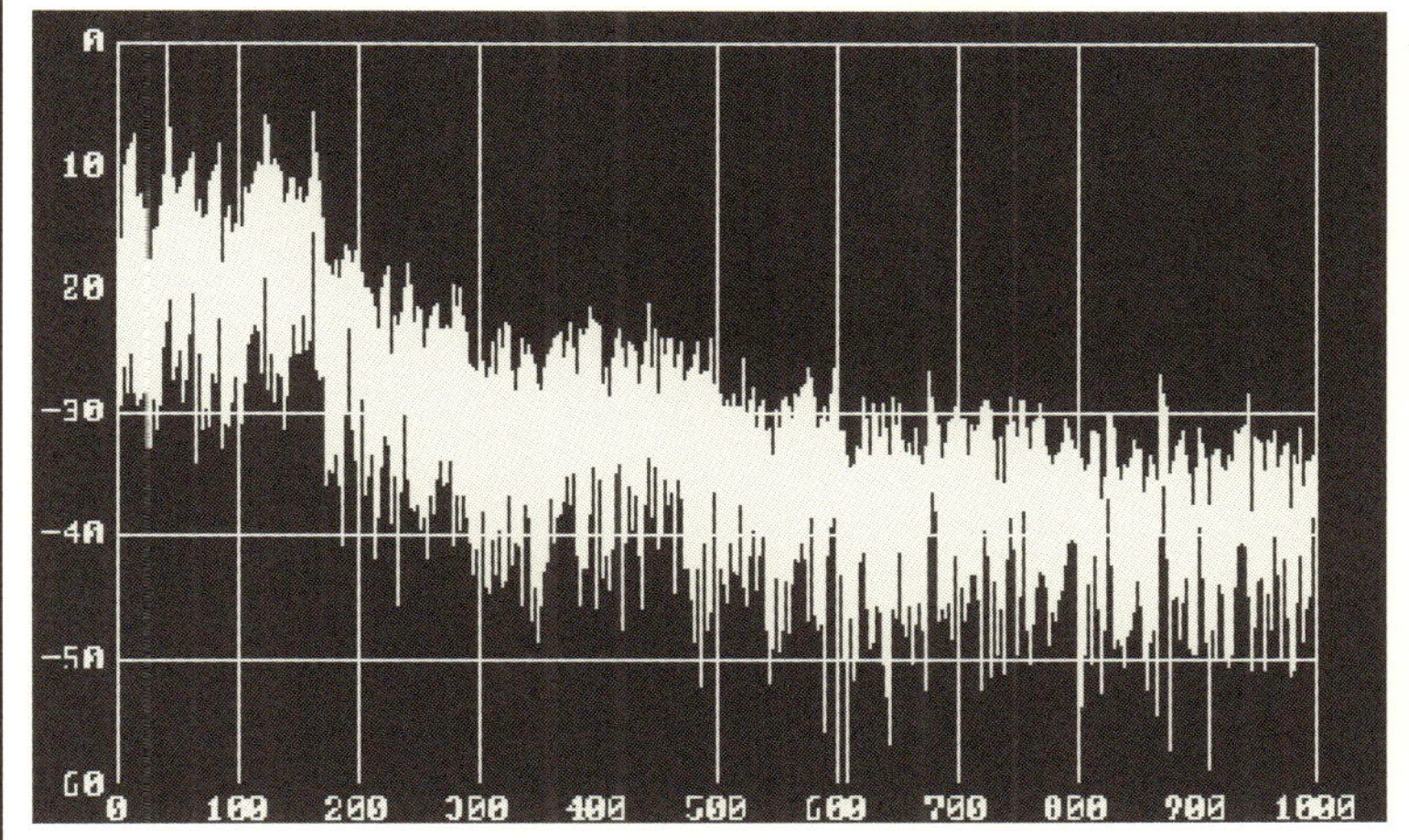

骨形成過多症に苦しむメリッサという女性のボイス・スペクトル

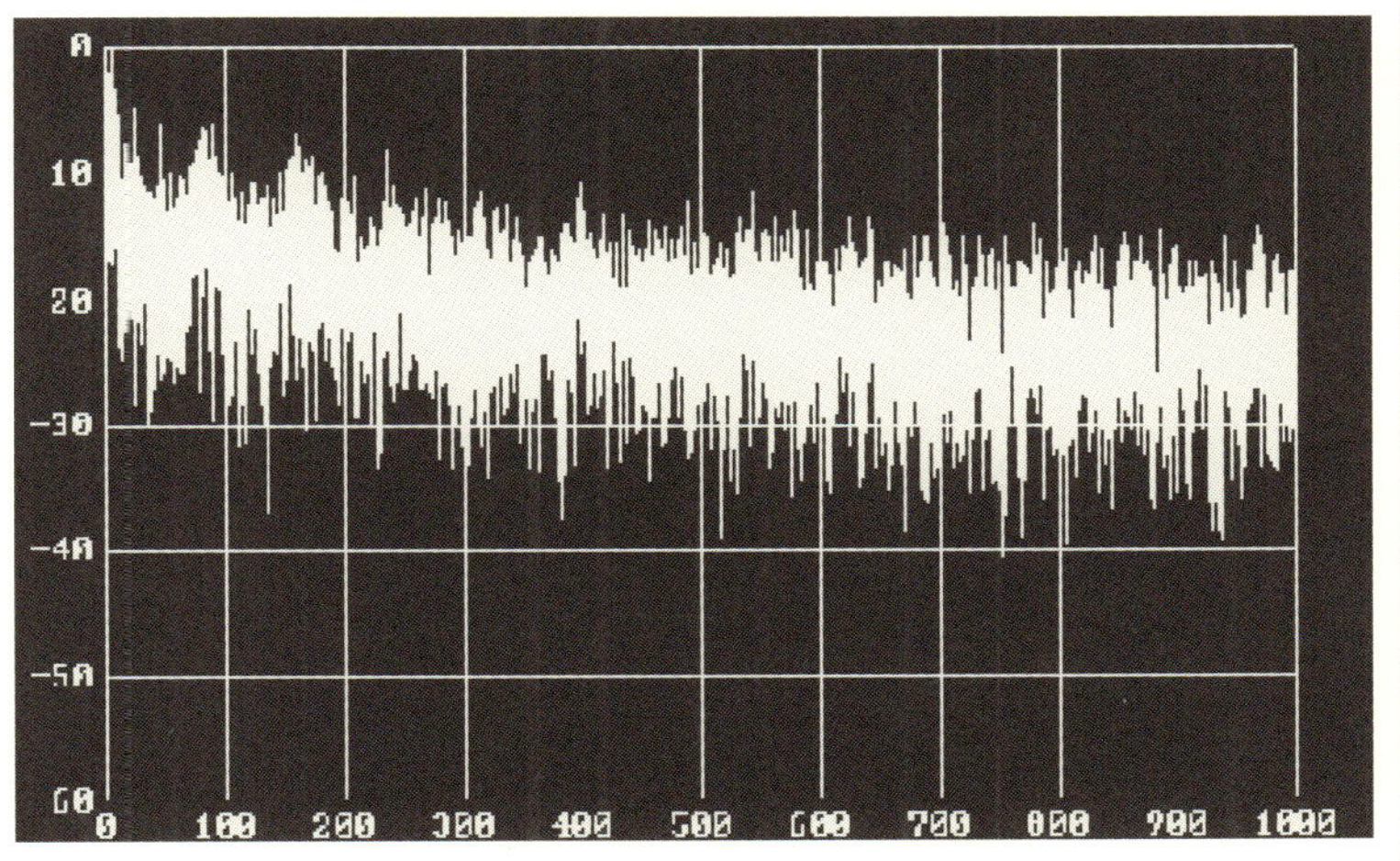

改善したメリッサのボイス・スペクトル

している。彼女は、頭蓋骨の中で過度のカルシウムが形成されていることが原因で、激しい頭痛に悩まされていた。痛みの程度を10段階で評価してもらったところ、メリッサは13だと答え、我慢の限界を超える痛みで苦しんでいた。

メリッサのボイス・スペクトルは水平ではなく、低い周波帯で乱れていた。ピークとなるポイントは、過度の刺激が及んだ音（声）の周波数を指している。それをのちに説明する方法で分析し、選択した治療音（低周波音）を、4分間メリッサに聞かせた。すると、痛みの程度は3に低下し、グラフも前ページ下のグラフのように滑らかなものに変化したのである。

メリッサはその後も治療音を繰り返し聞き、体全体が反応するようになった。そして、頭痛が消えたばかりか、ほかの症状もなくなった。新陳代謝や消化の異常もすべて正常に戻ったのである。

因みに、声を除いて、ヒトから発せられる音をエドワーズ氏が聞き取れることに関しては、ライト・パターソン空軍基地を含め、様々な研究機関で調査されたところ、その音のソースは人の側頭部にあると特定された。この結果はエドワード氏が感じていた通りだったが、当時の医学界では、人の耳が音を発するという認識は存在せず、受け入れがたいことであった。だが、のちにジョンズ・ホプキンス大学のウェンデル・ブラウン氏は、人の耳には音を発する能力があることを発表し、エドワーズ氏の主張が正しかったことが判明した。さらに、エンバイロンメンタル・アコースティックスのジェームズ・コーワン氏は、人の耳はヘ音（F）からイ音（A）まで発することができるという見解を示した。但し、エドワーズ氏は数オクターブに及ぶ全音域が聞こえると主張している。

色の補色関係と同じ原理で、音／周波数のバランスを図り健康に導く

バイオアコースティックスにおいては、問題の周波数をピンポイントで発見でき、その周波数に対応した治療音を聞かせることで治療が行われる。既に触れたように、問題となるポイントは、声の周波数（ボイス・スペクトル）において、音圧が落ち込むか、逆に盛り上がるといった乱れとして現れる。そんな乱れを修復するには、実は、色相環による補色の関係が参考となる。色相環において、相対する2つの色は反対の性質を持ち、混ぜ合わせると無彩色（灰色）となる。つまり、互いにその性質を打ち消すことになるのだ。

色は赤（波長760nm程度）から紫（波長380nm程度）までの可視光線で1オクターブ分を色相環として、円環状に並べることができる。音に関しても、可聴範囲の20～2万Hzで11オクターブあるが、1オクターブごとにいわば螺旋（らせん）階段を11周して昇っていくようなものである。

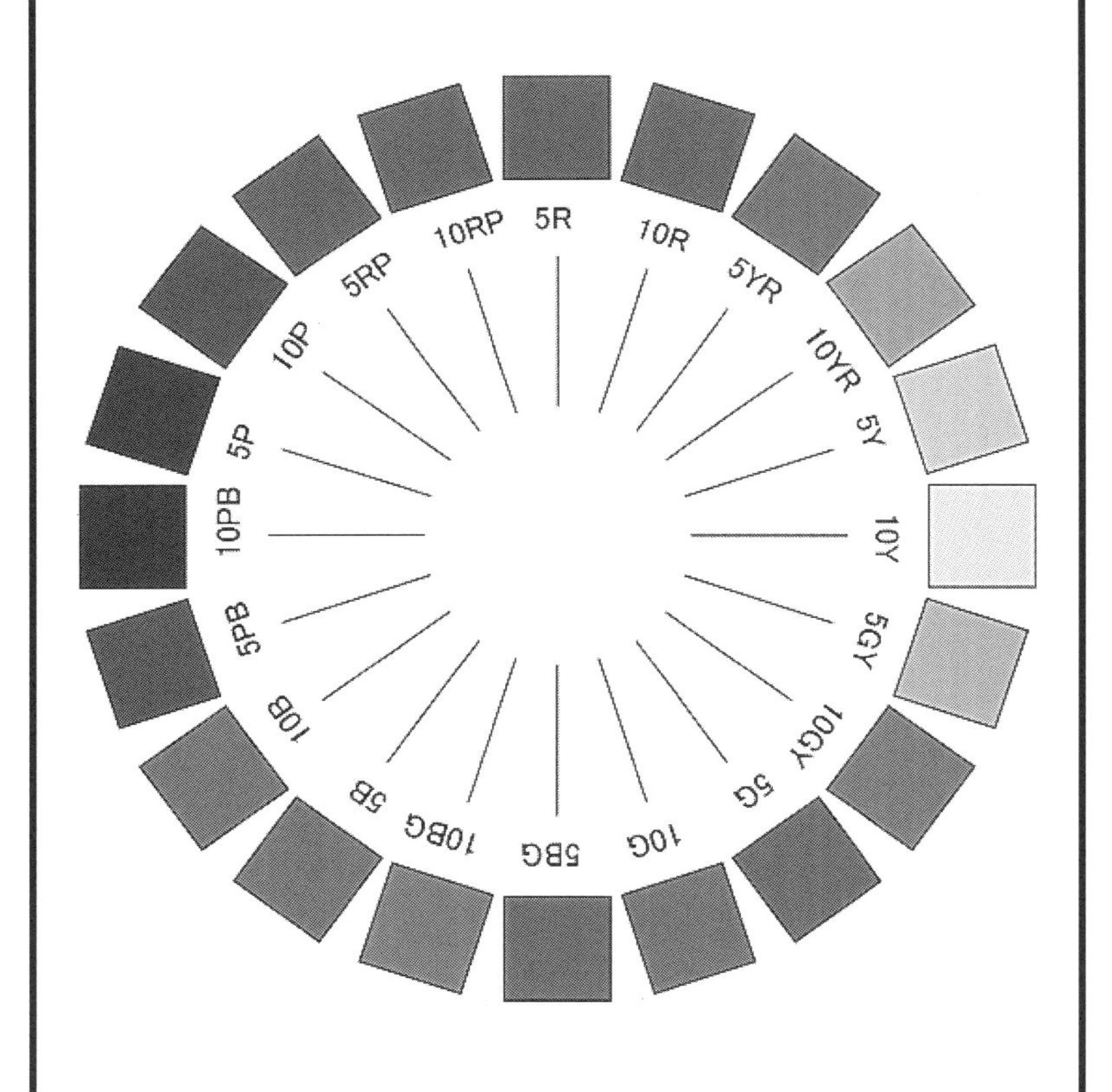

マンセル・カラー・システム　図＝ Onyx
https://ja.wikipedia.org/wiki/%E 8 %89%B 2 %E 7 % 9 B%B 8 #/media/File:MunsellColorCircle.png

色と音の対応関係は既に具体的に分かっている。例えば、「ド」の音は濃い赤、「レ」の音はオレンジ色、「ミ」の音は黄色などである。

音は、色以上に立体的な高低差を持つが、色相環における補色関係と同様に、周波数のバランスを図ることで健康に寄与する。また、音においても、近赤外線のように炎症を抑えたり、免疫力を高める周波数帯がある。音を利用する利点の一つは、周波数を細かく数値化できることにある。例えば0・02Hzずれるだけで治癒効果が現れないケースもあるが、技術的な難題もなく、対応できるのである。

さらに、注目すべきことに、細菌、真菌、ウィルス等に対抗しうる種類の音（周波数）も存在する。例えば、ペニシリンで効果が期待できる患者の場合、ペニシリンと同じ周波数の音を聞かせても、実際にペニシリンを服用させても、ほぼ同じ効果が得られるのである。

色においては、可視光線という狭い帯域の電磁波に限られるため、イメージしにくいが、音の場合は何オクターブにもわたって我々は聞くことが可能である。「ド」の音は、数オクターブ低いものでも、数オクターブ高いものでも、同じ「ド」としての性質を持つ。音においては、概して周波数が低い方が治癒効果が高く、実際のところ、声の周波数帯域よりも数オクターブ下の脳波の帯域が治療音として選ばれる。声の周波数は数百Hzレベルだが、我々の脳波は数十Hzから数Hzに至るレベルであり、低い音の方が脳波と同調しやすいからである。そのため、脳からの信号で身体に痛みを抱える患者に対しては、即座に効果が現れる。

だが、低い治療音の方が効果が高い理由は、他にもあると筆者は考えている。それは音自体の性質である。高い音は耳に鋭く刺さるような力強さを与えるが、指向性が強いため、耳の位置を少しずらせば、急に音圧（ヴォリューム）が落ちる。低い音は、時に腹に響くような揺すら与えるが、指向性は低く、遠くまで伝わっていく。特に、１００Hz以下になると、我々の耳ではどこに音源があるのか判断が難しくなる。言ってみれば、高い音は、レーザービームが物体を破壊するような、狭いエリアでの力強さ、低い音は、海岸に打ち寄せる波のように、広範囲に及ぶ力強さで特徴付けられるかもしれない。そして、低い音は、希釈が繰り返されるホメオパシーの希薄さにも似て、奥まで浸透していく力が強いと言えるだろう。

さて、このようなバイオアコースティックスによる診断と音の処方は、エドワーズ氏だけでなく、有資格者であれば、誰でも分析可能で、その結果を客観的に評価できる。これが意味することは大きい。特殊な能力や、Ｏリングテストで要求されるような熟練度が診断結果を左右することはないからである。

今や、膨大なデータベースが存在するため、問題となる周波数さえ分かれば、患者がどのような病気や怪我を抱えているかだけでなく、栄養状態をも診断できる。また、既存の薬剤が発する周波数も分かっているため、問題とされる周波数と一致するものがあれば、その薬が確実に効果を発揮しうるかを事前評価できるだけでなく、その薬剤を服用せずに同じ周波数の音（オクターブでは下の音）を聞くという選択肢も得られるようになりつつある。

二次元バランスモデルで病気の治癒を解説してみよう

ここで、健康のバランスを失い、病気になることをシンプルな図式で捉えてみよう。例えば、マラリア感染のケースである。マラリアは、熱帯から亜熱帯に広く分布するマラリア原虫（Plasmodium spp.）によって感染する病気で、ハマダラカ（Anopheles spp.）によって媒介される。蚊に刺されると、マラリア原虫が体内に侵入して、血液の流れに乗って肝臓まで到達し、赤血球に感染して増殖する。高熱（間欠熱）、頭痛、吐き気などの症状を起こし、悪性の場合は脳マラリアによる意識障害や腎不全などを起こして死に至る。蚊を媒介して感染したヒトから別のヒトへと感染を広げていくため、熱帯では恐ろしい病気の一つである。

さて、健康な人は幅広い周波数の音を万遍なく発しているのに対し、マラリア感染患者は、ある特定の周波数の音を発しなくなり、間欠熱の症状を呈すると考えてみよう。ここで、治療薬とされるキニーネは、キナ属の木の皮から得たマラリア特効薬であるが、健康な人が摂取すると、マラリア患者同様の症状を呈する。つまり、同様の症状を引き起こすものが、薬となる

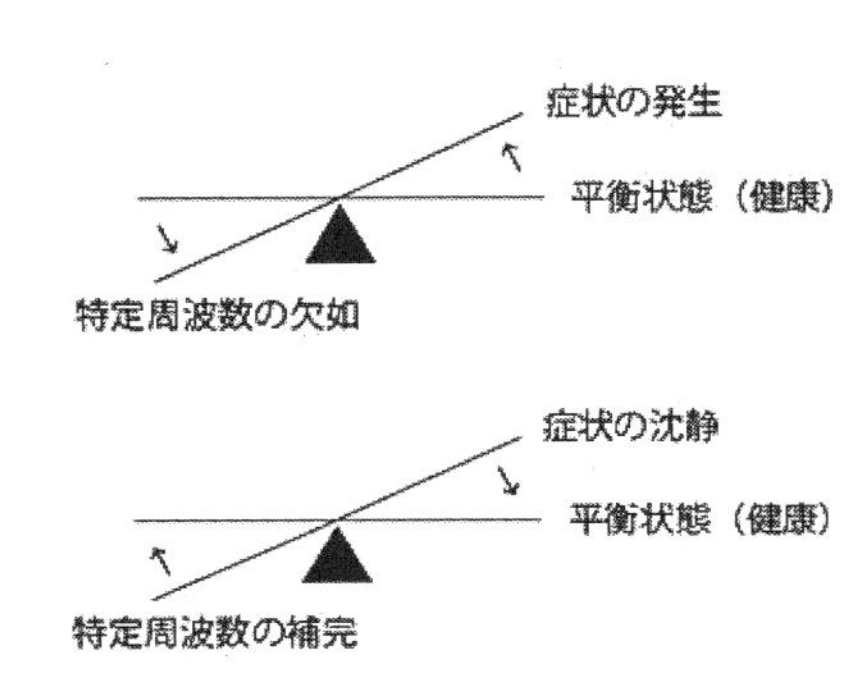

病気になる状態を表した二次元図式

わけで、この原理を利用したのが同種療法（ホメオパシー）である。但し、ホメオパシーのレメディーでは、高度に希釈されたものを使用する。

上図の上は、特定の病気を対象としたものではないが、マラリア患者が特定の周波数の音を発しなくなり、高熱などの症状を発生させた状態を示したものである。そして、上図の下は、欠如した周波数を補うことで、症状が沈静化することを示したものである。

これは、色相環を使った説明にも応用できる。例えば、赤に対応した周波数が出ていない（シーソーが下がっている）場合は、赤を補い、赤が強く出過ぎている（シーソーが上がっている）場合は、反対側にある補色の緑に対応する周波数を与えてやればバランスが取れるのである。このように、我々の健康はバランスによって成り立っている。

だが、もちろん、実際の健康のバランスはもっと複雑になっており、これでは不十分である。そこで、次にガンを例にしてもう少し詳細に取り上げてみたいと思う。

ガンは酸性環境を好んで繁殖するカビと同じメカニズム

一般的に、ガンは細胞レベルで酸素が欠乏し細胞呼吸が阻害されることで生じる。これは、ノーベル賞受賞歴のあるドイツの生理学者・医師のオットー・ワールブルク博士（1883－1970）が1925年に発見したことである。分かりやすく具体的に言えば、血液が酸性に傾くとガンが発生する。だが、これは、現象の一側面のみ捉えたものである。拙著『底なしの闇の［癌ビジネス］』（ヒカルランド）で詳述したように、人体内部には、腸内フローラに代表されるように、たくさんの微生物が存在し、ある種の生態系を維持している。だが、その生態系（体内微生物叢）のバランスが失われると、特定の微生物が異常増殖し、本来無害の微生物が病原菌と化し、感染を起こす。このような感染を日和見（ひよりみ）感染と呼ぶが、実は、ガンもそんな日和見感染、すなわち、特別な種類の感染症である可能性が極めて高いのである。その原因菌は、イタリアの医師トゥーリオ・シモンチーニ博士によれば、カンジダ・アルビカンス（真菌の一つ）だということになろうが、基本、真菌にあり、それが日和見的に異常増殖することが引き金となっていると考えられる。また、その真菌は寄生性を示し、宿主を乗っ取るように増殖するとも考えられる。

真菌は、いわゆるカビとして知られているが、酸性環境を好んで繁殖する。現代人は、血液の酸度を高める数々の悪要素に触れているが、真菌に無効な抗生物質を直接・間接的に摂取する機会が多く、人体内で細菌が抑え込まれる一方、真菌や他の微生物の増殖を促してしまうことにも一因がある。

パンや餅をただ放置すれば、時間とともにほぼ自動的にカビが生えてくる。対策として、温度や湿度を抑え、外気に触れないように密閉することなどが有効となる。これは、ガン予防において、血液を酸性に傾けないように心がけることと同じで、実生活で気をつけるべきことと思われる。だが、もう一つの側面は、この世界にはカビ自体が蔓延(まんえん)していて、我々は日々呼吸を通じて空気中からカビを吸い込んでいるだけでなく、皮膚粘膜等を介して受け入れていることである。特に日本はカビの繁殖に適した湿度の高い条件にある。ガン患者の多い国の条件として、抗生物質が普及する先進国であることと、真菌の発生しやすい湿度の高い酸性土壌の国であることは上位にあがってくるはずである。

ガン対策として、真菌を簡単に抑え込む民間療法が多数存在することは、拙著『底なしの闇の[癌ビジネス]』(ヒカルランド)で紹介したため、ここでは触れないでおく。だが、特定の病気に罹(かか)っている人はガンになりにくい現実があることについては、体内の微生物叢のバランスの概念とも関わってくるため、再度ここで取り上げてみる価値はあるだろう。

なぜガンに罹りにくい人々がいるのか？ ガンの波動を打ち消す仕組み

今から100年以上前、アメリカの外科医ウィリアム・コーリー博士（1862－1936）はガンを劇的に癒やす画期的な治療法を開発していた。コーリー博士は、肉腫患者の一人が化膿レンサ球菌（溶連菌）として知られる丹毒に感染したところ、高熱を出した後に腫瘍が消失してしまったことに気づいた。この不思議な現象に強く惹かれたコーリー博士は、同様の治療例が過去に記録されていないかどうか調べてみることにした。すると、近代細菌学の開祖であるルイ・パスツール（1822－1895）とロベルト・コッホ（1843－1910）、さらにエミール・アドルフ・フォン・ベーリング（1854－1917）などの医学の先人が、丹毒感染に伴う腫瘍の退縮を記録していることを発見したのだった。

ウィリアム・コーリー博士

丹毒感染によってガンを治療できると考えたコーリー博士は、1891年5月3日、扁桃（へんとう）と咽頭に腫瘍がある患者の一人に対して、初めて丹毒を意図的に感染させる治療を行った。これは、普通に考えれば、危険な行為であり、丹毒特有の皮膚の化膿性炎症を引き起こす恐れがあった。だが、結果はコーリー博士の期待通りで、その患者の症状は著しく改善し、その後8年半生存したのだった。

これにより、コーリー博士はガン治療に細菌が利用できると確信し、安全性を高めた「死んだ細菌の混合物」を開発し、それはのちに「コーリーの毒」或いは「コーリーワクチン」と呼ばれるようになった。

コーリーワクチンは1893年1月24日に初めて使用されて以降、大きな成功を収めた。19世紀の終わりまでにヨーロッパから北アメリカまで、42人の医師がコーリーワクチンの成功例を報告した。そして、20世紀中頃まで約60年間、コーリーワクチンはガン治療の主流として利用され続けたのである。

だが、コーリーワクチンには危険性のない死んだ細菌（死菌）が使用されていたものの、死菌（不活化）処理が徹底していなかったためか、時に感染症によって死亡する患者もいたとされる。また、データが詳細に記録されておらず、患者が他の治療法と併用して治癒したケースも少なからず存在し、単独でその効果を評価することが難しかった。さらに、新しい放射線療法も開発されてきたことに伴い、次第に廃れていくこととなった。

ガンに対抗しうるのは化膿レンサ球菌（溶連菌）だけではない。丸山千里博士は、結核やハンセン病の患者がほとんどガンに侵されることがない点に気づいた。そして博士は、結核菌から抽出したアラビノマンナンという多糖類を主成分とした、通称「丸山ワクチン」を１９４４年に開発した。手術でガンを取りきれなかった患者１２６名を対象に、従来の抗ガン剤に丸山ワクチンを併用治療した場合、抗ガン剤のみによる治療と較べて、50か月後の生存率が約15％向上するというデータが出ている。抗ガン剤と併用せず、単独で用いれば、さらに治癒効果は高いとも言われている。

他にも同様な例がある。近年では、気道に入った異物を患者の背後から腹部を圧迫して除去するハイムリック法で有名なヘンリー・ハイムリック博士（１９２０－２０１６）が、１９８０年代初期から、ガン、ライム病、そしてＨＩＶの患者に対してマラリアを与えて治癒又は改善されてきたという。

また、白血病の子供の場合、麻疹にかかると、そのウィルス粒子が白血病細胞の内部に見られるようになり、３週間ほどで抗体ができて、麻疹のウィルスとすべてのガン（白血病）細胞を破壊して治癒することも報告されている。

このようなことに気づいた医師たちは、普通の人であれば死に至らしめる恐れのある天然痘、マラリア、脳炎や他の感染症の原因菌を意図的にガン患者に投与したが、彼らがその感染によって死ぬケースは意外と少なかった（現代の視点からすると、それでも多いと言えるが）。

その効力は、ワクチン自体に生きた弱毒性微生物を含むのか（生ワクチン）、無害の抗原のみ含むのか（不活化ワクチン）、さらに単独使用するのかどうかによっても大きく異なってくるようだが、特定の病原菌がガンを抑えるメカニズムが存在する。これは、実のところ、各々の病原菌が独自の周波数の波動を発していることから理解できる。色相環において、反対側にある補色は、混ぜ合わせると無彩色のグレーになる。同様にして、ガン（の原因菌）が発する周波数と補色の関係に位置する周波数を発する病原菌は、ガンの波動を打ち消すのである。

自然界の神秘から病気の原因まで、立体螺旋モデルで解き明かす

さて、筆者は２０１４年にガンと他の感染症との関係性を、微生物叢のバランスと関連させて説明する独自の立体螺旋モデルの創出に取り組んだ。単純な平面の円環モデルでは健康の背後に存在する深遠なバランス関係を説明できないと感じたからである。

先に触れたように、音は１オクターブごとに螺旋階段を11周して昇っていくようなものである。同様にして、色相環も１オクターブ分が立体となっている。そこで、まずはそんな側面を盛り込んだ、簡単な立体螺旋モデルの概要に触れておこう。

例えば、８Hzの音は赤に対応することが分かっているが、その反対側の補色の位置に来るの

は緑であり、周波数では約11Hzになる。ここで、なぜ11Hzが8Hzの反対の位置に来るのか疑問に感じる方もおられるかもしれない。8Hzと同じ側にあり、1オクターブ上に来るのが16Hzで、2オクターブ上に来るのが32Hzであることはお分かりいただけるだろう。螺旋階段を1周昇ると周波数は2倍となる。そのため、半周した地点、すなわち、反対側の補色の位置に来るのは、周波数で$\sqrt{2}$（1・414）倍した数値となるのだ（半周降りると$\sqrt{2}$分の1［0・707］倍となる）。2倍すると1オクターブ上がるため、反対側の補色の位置は$\sqrt{2}$倍で、もう一度$\sqrt{2}$倍すると2倍の1オクターブ上になることを考えれば、ご理解いただけるだろう。つまり、8Hzの$\sqrt{2}$倍が約11Hzなのである。

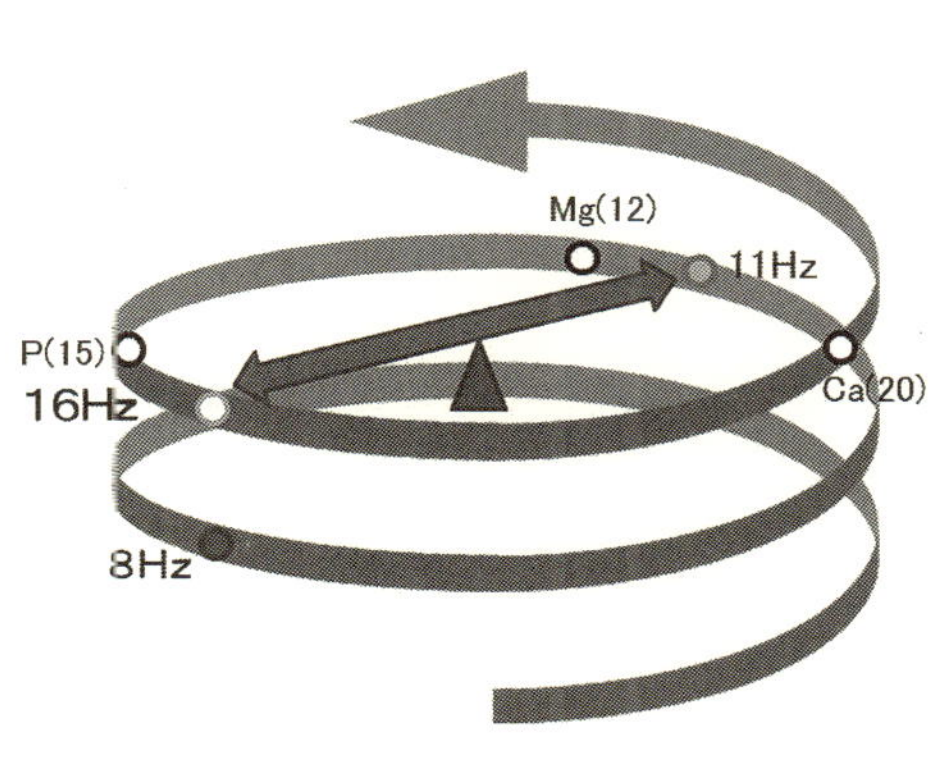

万物のバランス関係を示す立体螺旋モデルの一例

実は、物質の性質もこの立体螺旋モデルで説明される。音は立体螺旋状に配置されてオクターブを形成し、色も立体螺旋状に配置されて色相環を形成するが、物質も立体螺旋状に配置されて周期表を形成しているのである。つまり、物質の重さ（質量数）が周波数にほぼ対応する。質量数は原子番号（陽子数）のほぼ2倍のため、原子番号又は陽子数に対応すると考えても構わない。

例えば、原子番号12のマグネシウム（Mg）を仮に12Hzの位置にプロットしてみる。そして、原子番号15のリン（P）を15Hzの位置に、原子番号20のカルシウム（Ca）を20Hzの位置にプロットする。これら3者のミネラルは骨や歯の形成に不可欠で、互いに密接に関わっている。そのため、立体螺旋モデルにおいても、バランスをとるように配置されていることが分かるのである。

そして筆者は、このような立体螺旋モデルをさらに発展させて、ガンの波動を打ち消しうる細菌、真菌、ウィルス、原虫等をプロットし、そのバランス関係を示した図を作成した。

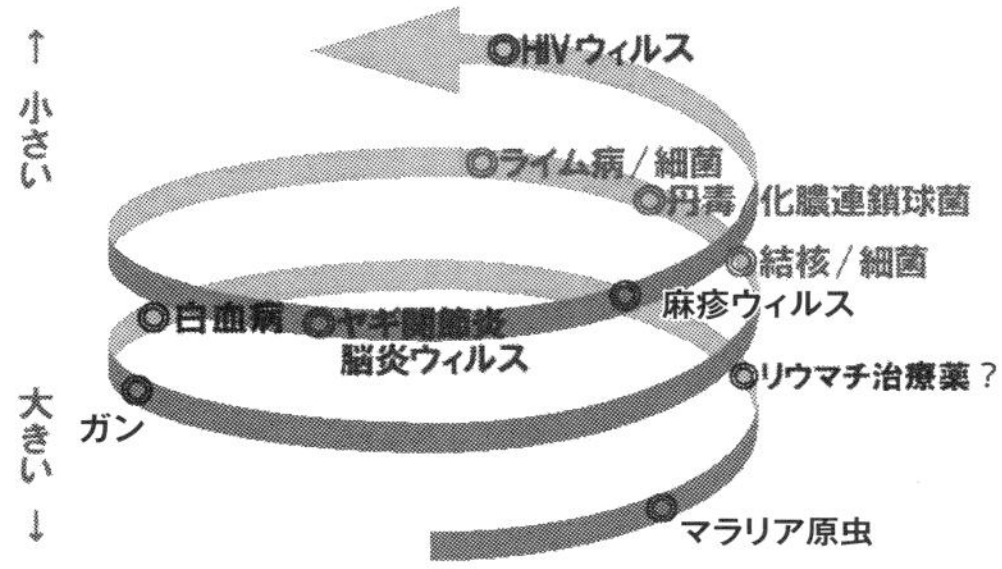

ガンとバランスをとる感染症（病原菌）との立体的な関係性

では、説明していこう。ガン又はその原因となりうる真菌の発する周波数・波長に基づいた位置関係を図の左側に取れば、反対側の補色の位置に来るのが、ガンを抑えうる病原菌が発する周波数・波長領域である。上に向かうほどサイズの小さな微生物となり、波長は短く、周波数は高い数値となる。もちろん、形あるものは、そのサイズに応じた波長の波動に影響を受けやすくなることが念頭にある。

ライム病、丹毒、結核は細菌による病気であり、サイズの小さなＨＩＶウィルスよりは低い位置に配置してある。一方、マラリア原虫はサイズが大きいため、より下の右側に配置した。また、麻疹は、真菌性の白血病とＨＩＶウィルスの両方といくらかのバランスを取りうると考えられるため、図のような位置に配置した。

因みに、拙著『底なしの闇の［癌ビジネス］』（ヒカルランド）において詳述したが、サミュエル・チャチョーワ博士は、ヤギ関節炎脳炎ウィルスに感染したヤギの乳を飲めば、生涯ＨＩＶに感染しないことを発見しているため、それぞれ相対する位置に配置した。

また、関節リウマチで医療機関で治療を受けている人は、代表的な治療薬として、非ステロイド抗炎症剤やＭＴＸなどを利用する傾向があるが、それらの一つ又は複数が抗真菌性を示すと思われ、ガンになりにくいことが分かっている。そのため、関節リウマチ治療薬をガンとは反対側に配置してある。

この図は、右記のような収集情報を元に、位置関係を推測しながら筆者が独自に描いていったものである。いくらか正確さに欠ける面はあると思われる。だが、感染症というテーマでヒトの健康を考えた場合、微生物叢という小さな生態系が存在し、そのバランスが重要であることを理解する上では、大きな助けになるものと考えている。実は、ガンの原因は特定周波数の乱れにあると言っても決して間違いではないのである。

そして、バランスの取れた健康とは、この曲線に上下の歪(ゆが)みや前後の伸長収縮がなく、美しくコイル状に螺旋が形成されている状態を指す。また、美しい螺旋とは、健康的に弛緩したDNAに繋がり、DNAが我々の健康のバランスを象徴していることも示唆している。

尚、お気づきと思うが、ガンと完全に相対する微生物が存在するかどうかは不明であり、我々が知る数々の細菌、ウィルス、原虫等の発する周波数は、バランスを取る数値よりはいくらかずれている。それゆえに、リスクや副作用といった問題が発生することが考えられる。

薬はその成分で効くのではなく、波動で効くのが現実である。そのため、天然の薬草であろうと、化学的に合成された薬剤であろうと、周波数さえ当たっていれば、必ず効果は現れ、ずれが無ければ、副作用も存在しないと言える。但し、ヒトの健康状態は常に変化しており、例えば、数時間前に必要とされた周波数が、今では必要なくなるといったことが起こりうる。そんな点を理解する上でも、微生物叢のバランス関係を説明する立体螺旋モデルは有効であると筆者は考えており、これが叩き台となって、今後、健康のバランスの概念が発展するとともに具体化・洗練されていくことを期待したい。

【超生物学編】

Project 3

生命を育む
未知の生体
エネルギーの
謎を追え！

――植物から考察されたエーテルと
生物学的元素転換が鍵

怪しい錬金術として抹殺された生物学的元素転換とは？

本来、人間を含めた動物は成長して自身の体重を増やしていくためには、外部から栄養素を摂取する必要があり、特に若い成長期においては、その摂取量は汗や便などの排泄（はいせつ）量よりも重量的に十分に上回っていなければならないはずである。また、大人になっても、少なくとも排泄量と摂取量はバランスが取れている必要がある。

もちろん、重量バランスさえ取れれば、摂取物は何でも構わないわけではない。人間の場合、炭水化物、たんぱく質、脂質、ビタミン、ミネラル、食物繊維などが適度に必要である。さもなければ、体重は減少していき、健康維持は難しくなる。

しかし、ごく稀（まれ）に、子供を含め、水しか飲まずに体重を落とさずして生活していける人々がいると報告されることがある。近年、日本でも野菜ジュースを飲むだけでやっていける人々が話題になった。

栄養素の摂取量が足りていないそんな人々の体内では、いったいどのようなことが起こっているのだろうか？　人間のような動物において、詳細を調べることは極めて難しい。体重だけに注目してみても、人間は衣服を着て、時折水を摂取し、発汗や排尿もあるため、常に変動する。厳密に24時間追跡していくことは不可能に近い。多くの場合、本当に何も食べていないのかどうか、監視する程度で終わってしまい、体内で生じていることを科学的に把握する段階にまでは至らない。そもそもほとんどの科学者はそんな話を信用しておらず、本格的に調査を行おうとしない。

それは、現在では科学界が否定している生物学的元素転換に繋がるためだと言えるだろう。生物学的元素転換とは、生物の内部で特定の元素が別の元素に転換されると考えられた現象であり、１９６０年代にフランスの科学者ルイ・ケルヴラン（１９０１－１９８３）が明確な概念として確立した。

だが、その起源は４００年以上過去に遡（さかのぼ）る。１６００年頃、フランドルの化学者ヤン・ファン・ヘルモントは水だけを与えて生長させた樹木の重量が数年後には大きく増えていたことを発見している。１８２２年には、イギリスのウィリアム・プラウトは鶏の卵から産まれたヒヨコに含まれる石灰分が卵の4倍にも増加していたことを報告。同じ頃、フランスの化学者L・N・ヴォークランも、鶏の卵の殻に含まれる石灰分が餌として与えたオート麦の石灰分をは

ヤン・ファン・ヘルモント

るかに超える量であったことを確認している。

その後も様々な学者・研究者らによって同様の現象が起こりうることが報告され、生体内で酵素やバクテリアが元素転換を行うとするケルヴラン説に至った。だが、元素転換が起こるとされる実験は再現性が乏しく、厳密さに欠けていたとして、ケルヴランは大きな批判を浴びることとなった。そして、現代版の宗教裁判のごとく科学界でケルヴランは攻撃され、生物学的元素転換説は葬られることとなった。さらに1993年、故人となってからもケルヴランは「錬金術の熱心な崇拝者」としてイグノーベル賞を授与されるなど、完全に扱き下ろされている。

植物はどのように栄養を得て体重を増やすのか？

だが、元素転換説を考えざるをえなくなるような不可解な事例がまったくなかったとまでは言えなかった。また、水だけを飲んで生きていけるような人々が存在すると報告され続けているように、実際のところ、生物学的元素転換を完全に切り捨ててしまって良かったのかと陰で疑問を呈する人々もいた。

もし、再現性の高いシンプルな実験法が提示されていれば、歴史は違った形で流れていたのかもしれない。実は、代替科学のコミュニティーにおいて、今から20年ほど前に注目された実験法がある。それは、外部との接触を完全に遮断して植物を生長させる方法で、それによって誰もが簡単に奇跡を確認できると囁（ささや）かれたものである。

植物の生長には、水、空気、温度、光、そして、いくらかの元素（必須元素）が必要だと考えられている。だが、発芽の段階に限ってみれば、水と空気と適度な温度さえあればいい。それをうまく利用した方法である。

当時、個人レベルでは成功したという報告がいくらかあったとされるが、信頼のおける研究機関が報告したわけではなく、まったく保証できない。関心のある読者はそのつもりで試していただきたいと思う。では、その方法を紹介しよう。

まず、消毒した綿を蒸留水で十分に湿らせて、試験管の中に入れる。次に発芽の初期段階のマメ科植物の種子を入れる。重量の変化を調べるため、小さく軽い植物の種子よりもエンドウマメや大豆のようなサイズの種子の方が好ましい。そして、試験管をガラス栓で密閉した後、さらに接合部分をロウで固める。外部からの空気や湿気を完全に遮断するためである。あとは、種子、綿、水分を含めた試験管全体の重量を測定して、待つだけだ。

温度の条件にもよるが、2～3週間もあれば十分だろう。芽を出した後に顕著になるようだが、奇しくも試験管の重量は無視できないレベルで増すという。これは、精密なはかりでなくとも確認できるようだ。

本来、質量保存の法則により、試験管の重量は変化しないと考えるのが我々の常識であり、確立された物理法則である。ところが、この実験ではそれを簡単に打ち破ってしまうというのだ。

実は、さらにこの先がある。芽を出して生長した種子を化学分析してみると、最初の段階では検出されることのなかった複数の元素が芽に含まれていたことが判明し、検出されたミネラルは20～100％増えていたというのだ。

もちろん、試験管は完全に密閉されていて、ミネラルを含まない蒸留水が綿に染み込ませてあっただけである。外部からミネラル分が入り込む余地はない。

この実験結果は、生物学的元素転換をも超えるものと言える。というのも、必要とする元素を摂取できていない生物が、いわば錬金術的に、体内で既に満たされている元素を転換して補うといった現象を超えて、体重をも増やして生長してしまう異例な現象であるからだ。もちろん、試験管内の水、酸素、二酸化炭素の量やバランスが限界に達するまでの限られた時間内でのことではあるが――。とはいえ、これはあくまでも非公式に実験に成功した人の話であり、再現性に関して筆者にはよく分からないところである。

エーテルが、生命の生体エネルギーを創りだす⁉

さて、この現象のメカニズムであるが、ケルヴランであったら、生体内で酵素やバクテリアが元素転換を行った証左だと考えたかもしれない。だが、代替科学のコミュニティーにおいて20年前に話題に上ったのは、必ずしも元素転換を主題としたものではなかった。元素転換も生じるものと考えられたものの、むしろ、試験管を貫通できるエーテルが「気」のような生体エネルギーを流入させた結果だと推測されたのである。つまり、生体エネルギーだけでなく、エーテルの実在をもこの実験結果は示しているのだ、と。もし、それが事実であるとしたら、この実験の意味は極めて重いことになる。

生命がエーテルを介して生体エネルギーを得られるとなると、必須栄養素はどのように考えたらいいのだろうか？　各種栄養素は生体エネルギーを効率的に取り込むための触媒のようなものなのだろうか？　だとしても、体重の増加はどのように説明したらいいのだろうか？　生物の体内には、生体エネルギー（エーテル）を物質化させる機能が備わっているのだろうか？　だとしたら、その部分にこそ錬金術的な元素転換の鍵があるのかもしれないが、やはり、生物学的元素転換の否定派が断じたように、単なる測定ミスだったのだろうか？

ここで、抜け落ちた重要な視点がまだあると筆者は考えている。それは、使用する植物（種子）に対して抱く実験者の意識の問題である。植物に音楽を聞かせると生長に差が生じるように、実験者の思念が（エーテルを介して伝わるのかどうかは分からないが）植物に毒も栄養ももたらす可能性が考えられるからである。生物学的元素転換の実験に再現性が乏しかった背景には、否定派による否定的な思念が影響したことも考えられるだろう。

科学においては、何度繰り返しても、誰が行っても、常に同じ結果が得られなければならない。相手（植物という生き物）が実験者の愛情を読んで、それ次第で期待に応えてくれるかどうかを決めるようなことがあれば、本来は注目すべきことだが、残念ながら、これは科学とはみなされなくなってしまうのである。

そうなると、この実験のテーマは、どうしてもある一線を越えてしまい、学問の世界では扱い難い領域に踏み込んでしまうことになる。ご存じのように、それを毛嫌いする学者が大半を占めるのが現状であり、そのハードルは極めて高いのである。

とはいえ、化学分析は簡単にできないとしても、重量の変化に関しては、誰でも簡単に試すことができる。思念の問題も念頭に、読者もこの方法で実験を行っていただき、成功・失敗にかかわらず、可能であれば、その結果を筆者までご報告いただけたら幸いである。ひょっとすると、読者が歴史を覆すことになるかもしれない……。

DNA実験で量子テレポーテーションが起こっていた⁉

生物学の世界で不可解な発見がなされることは珍しくない。これから紹介するのも、信憑性が疑われた現象で、極めて判断の難しい事例である。だが、事実とすれば、生物学的元素転換と同様に、高いハードルとなり、そこに挑んでいくのは本書の趣旨であり、完全に切り捨てるわけにはいかないものだと考えている。読者も考えてみていただきたい。

1983年にHIVを発見し、2008年にノーベル生理学・医学賞を共同受賞した人物にリュック・モンタニエ博士（1932－）がいる。フランスのウィルス学者である彼は、2009年に衝撃的な発表を行い、物議をかもした。

DNAは離れた液体に自己の情報を電磁気的に送信・刻印することができる証拠を得たと主張したのだ。また、酵素は刻印された情報を本物のDNAと間違え、忠実な複製で本物を生み出すことも示した。事実上、これは一種の量子テレポーテーションを意味するとされ、世界的に大きな注目を浴びた。

実際に行われた実験の概要はこうである。1本の試験管にはバクテリアからとった100塩基長のＤＮＡ片を含んだ純水が、もう1本の試験管には純水のみが入れられた。その2本の試験管は隣り合わせながらも離した状態で銅製コイル内に設置され、7Hzという低周波の電磁場の影響下に置かれた。ここで、その装置は自然の地球の磁場による影響を受けないようにされた。

16～18時間後、両方のサンプルは個別にＰＣＲ法にかけられた。ＰＣＲ法とは、ＤＮＡ（の断片）を増幅するのに利用される典型的な方法で、元のＤＮＡを多数複製するために酵素が用いられる。

その結果、片方の試験管には純水のみが入っていたにもかかわらず、奇しくもＤＮＡ片が両方の試験管から回収されたのだった。

実は、ＤＮＡは磁場に曝される前に希釈されていた。1回で10分の1にされる希釈を7～12回行われた時に限り、ＤＮＡは回収されたのである。つまり、希釈が少なすぎても、ホメオパシーのように高度に希釈しすぎてもこの結果は得られなかったことを意味した。

モンタニエ博士の研究チームは、ＤＮＡが低周波の電磁波を発して分子の構造を水に刻印したのだと考えた。そして、その構造が、量子コヒーレント効果を通じて保存・増幅されたことを示唆しているとした。というのも、それは元のＤＮＡの形を真似て、ＰＣＲの過程で酵素がそれをＤＮＡそのものと間違え、何らかの方法で、送信された信号とマッチしたＤＮＡを生み出すテンプレート（鋳型）としてそれを使用したからである。

既に触れたように、この実験結果に対して、多くの学者は懐疑的であった。加えて、論文が掲載された科学誌『Interdisciplinary Sciences: Computational Life Sciences』の編集委員長をモンタニエ博士自身が務めており、査読付き論文がアクセプトされるまでの日数がわずかに3日だったことも判明。信憑性に欠けると判断する人が多くを占めたのだ。そして、今日まで、再現に成功したという研究者はおらず、今や疑似科学とみなされている。

筆者は、この実験がどれだけ厳密に行われたのかは分からない。だが、完全にインチキだったと切り捨ててしまってよいのかどうかに関しては判断が難しいと考えている。これから、本書において、神秘的な現象をさらにいくつか取り上げて考察していくが、その中に、波動伝播（でんぱ）や濃度（希釈）にまつわる謎についても含まれ、この事例もその延長線上で考えてみる価値があるのかもしれない。そんなことを心に留めて、本書を読み進めていただきたい。

植物は光がなくても育つ⁉

次に紹介するのは、光を与えることなく植物を育てる方法である。光合成を必要とする植物にそんなことは可能なのかと誰もが疑うだろう。確かに、間接的に光エネルギーが伝わっていたものと推測されるのだが、現実には暗闇の中で育てられた稀なケースであった。

１９３０年、米フロリダ州出身の電気技術者トマス・ガレン・ヒエロニマス（１８９５－１９８８）は奇しくも暗闇の中で植物を生長させる実験に成功した。もちろん、土や水分は与えられたが、光は決して直に与えられることなかった。「直に」と言ったのは、日光や人工照明を与えることはなかったが、銅線を通じてクロロフィル（葉緑素）のエネルギーは与えられたからである。つまり、ヒエロニマスは、クロロフィルのエネルギーを伝達させる実験に成功したとも言い換えることができるだろう。

トマス・ガレン・ヒエロニマス（1895－1988）

通常、植物は光エネルギーを使って水と空気中の二酸化炭素から炭水化物を合成し、光合成によって生み出した酸素を大気中に放出する。植物の生長に光は欠かせないものと言える。だが、ヒエロニマスは意外と簡単な方法でオート麦を暗闇で発芽・生長させたのだ。

ヒエロニマス自身の説明を参考にすると、その実験はこんなものだった。まず、サイズ５×

5×10センチの蓋付き木箱を8個用意した。比較対照用の一箱を除いて、木箱の底には銅線を繋いだアルミ箔を敷いた。その上に厚さ1・3センチほど土を入れ、オート麦のタネを5個ずつ2列に10個播(ま)いた。タネの上にはさらに1・6センチほど土が盛られた。木箱は暗闇の地下室に置かれ、底のアルミ箔と繋げられた銅線は、地下の水道管に接触させ、アースされた。

一方、木箱の蓋の裏側にも銅線を繋いだアルミ箔が貼られた。この銅線は絶縁処理された上、地上約1・8メートルの高さの木製の棚上に置いたサンプレートと繋げられた。因みに、サンプレートとは太陽光線を受け止める金属板（おそらくは銅板）で、もちろん、今日のソーラーパネルのようなものではない。そして、7枚のサンプレートのサイズは、最小の5×10センチ、次に大きな10×20センチから、最大は20×25センチまで、それぞれ異なっていた。

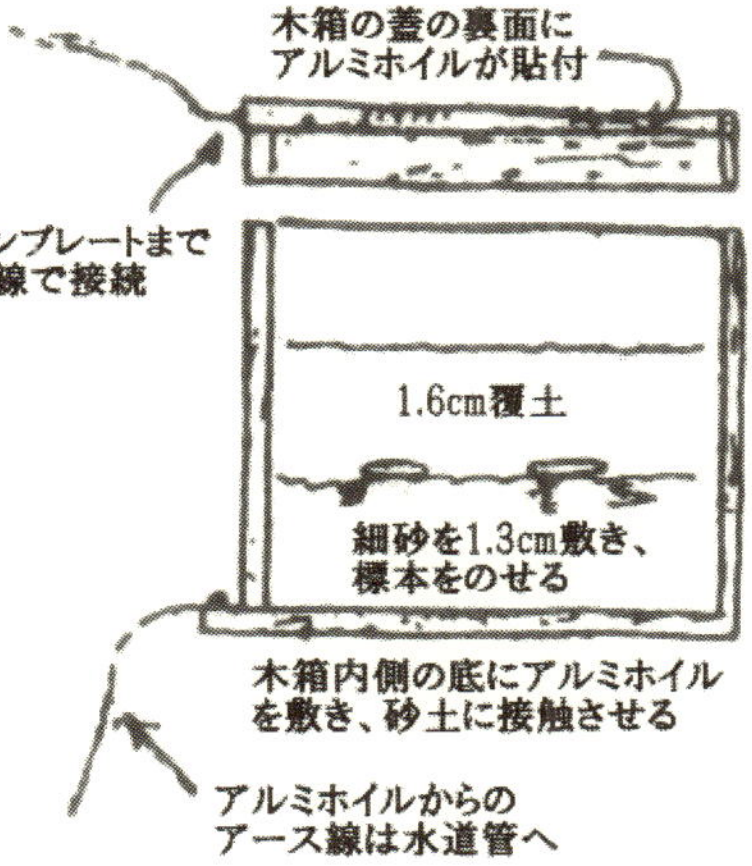

このようにして、1日1回懐中電灯で地下

実験用の木箱の図

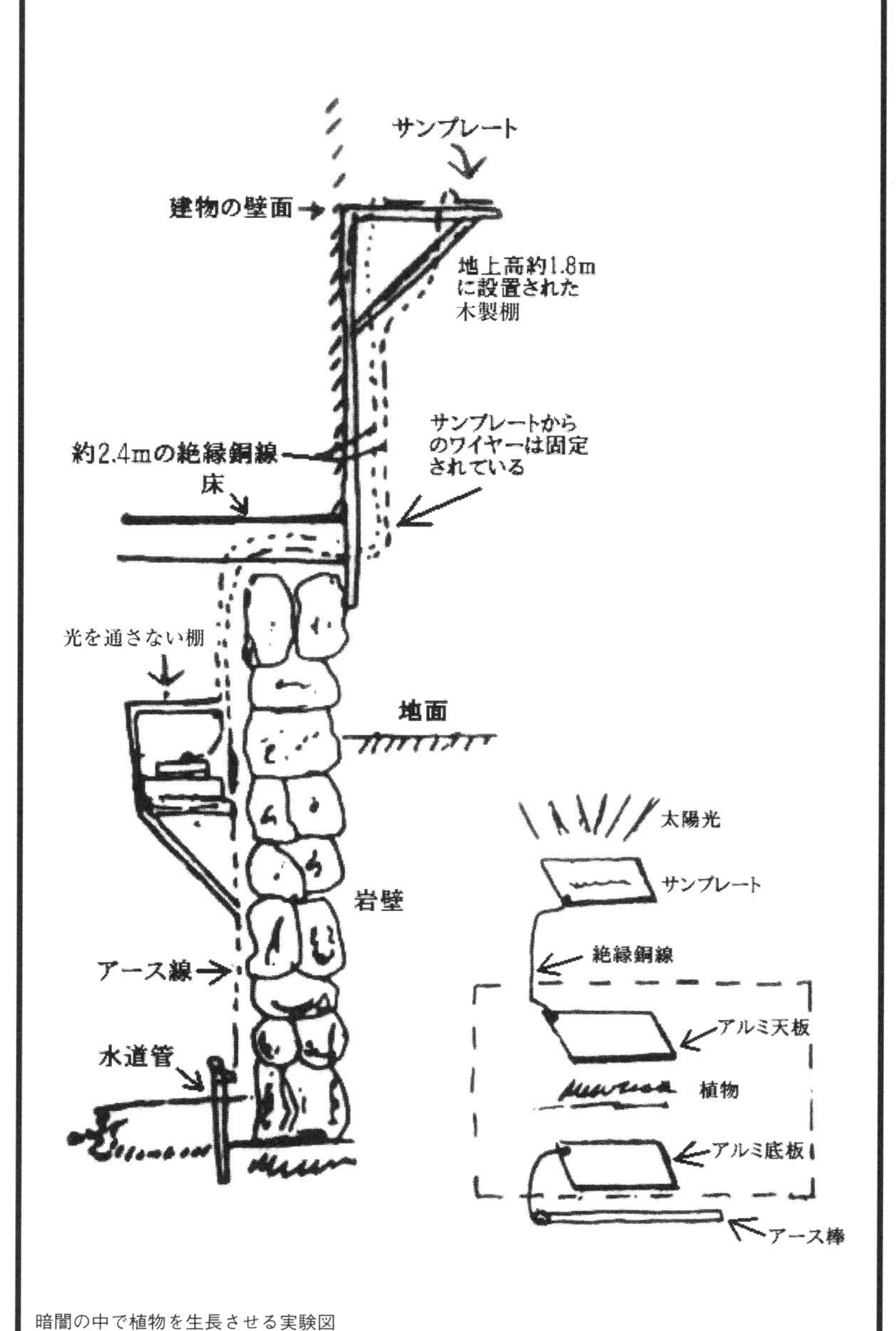

暗闇の中で植物を生長させる実験図

室に行って、木箱内に水やりを行う以外、ヒエロニマスは光を当てることなくオート麦を育てたのだった。

さて、8個の木箱内のオート麦たちはいったいどのようになったのだろうか？

すべてのタネは同時に発芽した。これは特別不思議なことではない。多くの種子は、発芽には日光を必要としないからだ。そして、サンプレートと接続されなかった比較対照用のオート麦からはクロロフィルは見られなかった。これも当然のことである。

だが、驚いたことに、他のオート麦からはたくさんのクロロフィルが見出されたのだ。そして、7つの箱内のオート麦の生長度合いはそれぞれ異なっていた。明らかに、野外に置いたサン・プレートの大きさに順じてオート麦も大きく生長していたのだ。こうなると、大きなサン・プレートに繋がったオート麦はまもなく箱内でつっかえ、ヒエロニマスは2センチほど浮かすために蓋にスペーサーを挟み込むこととなった。

もちろん、ヒエロニマスは、暗闇の植物に光を当てるべく電気といった既存のエネルギーを供給・消費することはなかった。結局、オート麦は、サンプレートで受け止めたエネルギーを、銅線と蓋裏面のアルミ箔を通じて得ていたのである。

未知のエネルギーが生体の物質化をもたらしている

因みに、この実験はヒエロニマスの友人も試してみたが、うまくいかなかった。それもそのはず。その友人は、地面からわずかに90センチ深いだけの半地下の部屋の床に箱を設置し、サンプレートも地面に設置してしまったからだ。ヒエロニマスによると、同じ結果を得るためには、十分な電位差が生じるだけサンプレートとアース場所との間に高度差が必要で、できるだけ自分が行った条件に準ずることが重要とのことだった（そんなことを留意して、読者も試してみていただきたい）。

通常、電位差とは電気が流れるだけの高低差を意味する。だが、単純に電気が植物の栄養になったり、光エネルギーが銅線を伝わるとも考えにくい。とはいえ、オート麦は、必要とする光エネルギーあるいは、それに準ずる何らかのエネルギーを、電気が流れる（電位差のある）条件が整えられた銅線（導体）を介して得ていたことになる。ヒエロニマスは他にも不思議な実験を繰り返し成功させており、未知のエネルギーが関わっていることを悟った。それは、電気的（electric）・光学的（optic）な要素は示すものの、既知の電磁気的なエネルギーとは無関係だったことから、ヒエロニマスはエロプティック・エネルギーと名付けた。そして、その正体は今日でも謎に包まれたままである。

現在、都会のビル内で野菜が水耕栽培されるような植物工場が増えてきている。消費電力の少ない照明機器の普及もその動きに拍車をかけているものの、ビジネス的にはあまり成功していないようである。だが、今触れたように、ヒエロニマスは光を得るために必要な電力すら消費せずに植物を育てる方法を１９３０年に編み出していた。この方法をうまく応用すれば、直射日光に恵まれない土地でも多くの農作物を栽培できるようになるだろう。そればかりか、日光の届かない地下深くでも動植物が健康的に生きていける可能性も含め、様々なポテンシャルが秘められていると言えるだろう。

自然環境の破壊が続き、無駄なエネルギー消費が問題視されている今、再びヒエロニマスの実験を振り返り、エロプティック・エネルギーを探究してみる価値はあるだろう。

そして、その利用の道が開かれる将来、我々の住宅の各部屋にはエロプティック・エネルギーを伝える機器が設置され、意識のようなスイッチを利用して、暗い屋内で植物を育てられるだけでなく、エロプティック・エネルギーで動作する電化製品も普及しているのかもしれない。

さて、以上の情報に触れて、筆者はある妄想を抱いた。それは、光による刺激が水や金属などを介して伝わる際、触媒としてのミネラルのような栄養素の影響を加えて、（大半のものを貫通し得る）エーテルの活性化を性格付け、物質化（あるいは元素転換）をもたらしているのだろうか、と。しかし、それはまだまだ様々な情報に触れてから考えていかなければならないだろう……。

【超生物学編】

Project 4

波動の透過と健康の密接なる関係を明らかにせよ！

――植物の無線通信の仕組み解明が鍵

【健康な生物は互いに同調している！】

植物は意識を持ちコミュニケーションしている！

植物に外傷を負わせると、その植物だけでなく、近くの植物も悲鳴を上げるように電気パルスを発する。

これは、ポリグラフ（嘘発見器）検査のように、植物に電極を繋いで電圧（電位差）の変化を調べることで確認される。普段は帯状記録紙上に水平線に近い曲線が描かれるが、そんな「事件」の際には突然のように数値は跳ね上がるのである。また、植物に外傷を負わせた人間が近づいてくるだけでも植物は同様に電圧値を急上昇させることもあれば、逆に死んだふりをして無反応になることもある。

これらの事実は、１９６０年代に米中央情報局（ＣＩＡ）の元尋問官クリーヴ・バクスター氏によって発見・発表され、世界中を驚かせた。なぜなら、植物は優れた知覚能力を有しているだけでなく、互いに繋がっていて、何らかの方法でコミュニケーションを行っていることが明らかとなったからである。

これを切っ掛けに、多くの人々が関心を持ち、植物のコミュニケーション能力の検証と研究が進められるようになった。そして、ペット動物が人間による愛情だけでなく、虐待に対しても明確な反応を示すように、植物も同様の反応を示すことが次々と確認されていったのである。

だが、実は植物が持つこの同調能力・コミュニケーション能力に関しては、1923年に既にロシアの生物学者アレクサンダー・G・ギュルヴィッチ博士によって確認されていた。植物間のコミュニケーションには何らかの放射線（波動）が関与しているにちがいない。そう考えたギュルヴィッチ博士は、調べてみると、生体組織から微弱な放射線が発せられているのを発見したのである。

アレクサンダー・G・ギュルヴィッチ博士
写真＝ Redheylin

例えば、同じ玉ねぎの根を二つの石英製容器に入れ、隣り合わせに置いて、一方にだけ刺激を与える。すると、刺激を受けた方が発する放射線をもう一方が受け止め、細胞分裂を増加させたのである。ギュルヴィッチ博士は微弱な放射線が細胞の生長と分化をコントロールするのだと考えた。

また、容器を石英製ではなく、シリコン製に替えてみたところ、刺激が伝わらないことを発見した。石英は透過できるが、シリコンは透過できない放射線として、紫外線が考えられる。そこで、ギュルヴィッチ博士は、植物は紫外線光を用いて互いにコミュニケーションができるのだという仮説を立てたのである。

因みに、放射線とは、電磁波の他、高い運動エネルギーをもって流れる物質粒子（アルファ線、ベータ線、中性子線、陽子線、重イオン線、中間子線などの粒子放射線）を含めたものを指すが、ギュルヴィッチ博士は最終的に電磁波の紫外線に絞り込んでいったことになる。

植物のメッセージ言語は紫外線なのか？

その後、ギュルヴィッチ博士の大発見は長らく忘れられてきたが、ノボシビルスクにある臨床及び実験医学研究所の所長ウライル・P・カズナチェエフ博士によってその研究は検証されることになった。博士は、20年以上の間に何千回もの実験を実施し、その成果を1970年代に発表した。最も興味深い実験の一つに、植物間コミュニケーションによる「死の伝送」と呼ばれるものがある。

二つのグループの細胞が同じ培養細胞から選ばれ、各細胞サンプルは石英製のシャーレに入

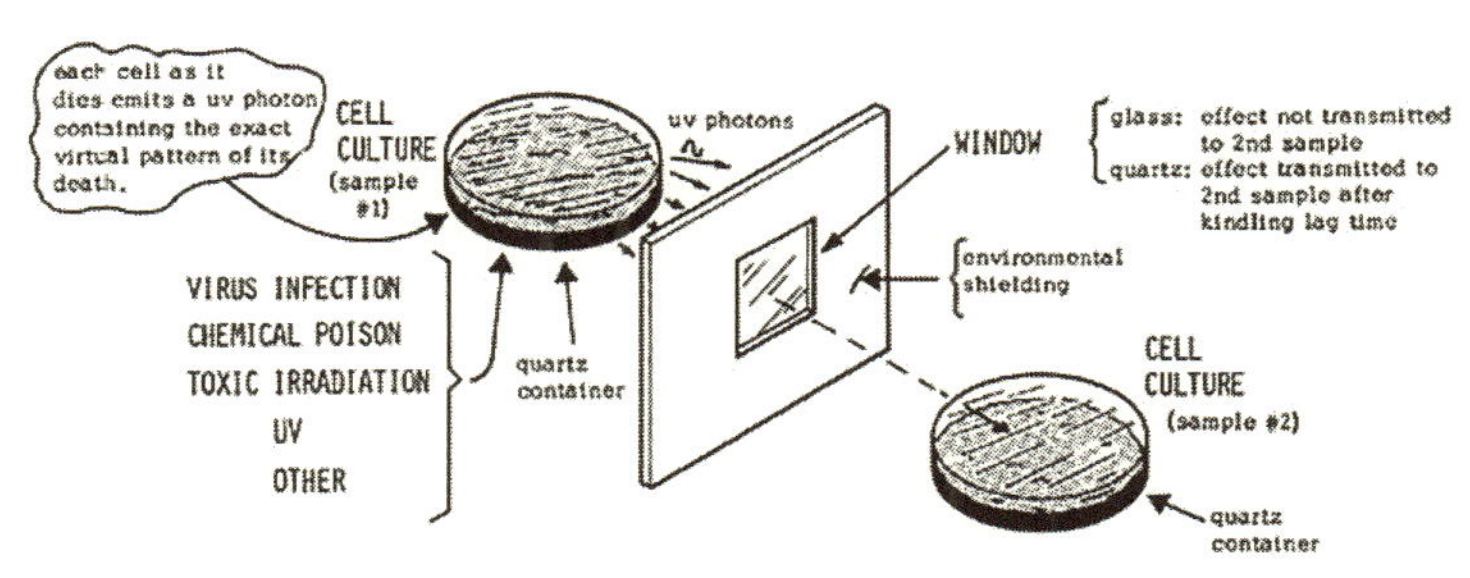

植物間コミュニケーションによる「死の伝送」実験

れられ、それぞれ隣り合わせた二つの部屋におかれた。シャーレ以外にその二つの細胞サンプルを仕切るのは壁だが、その壁には窓が設けられた。

そして、一方の細胞サンプルをウィルス、細菌、化学的毒物、放射線、紫外線などに曝して殺し、もう一方の細胞サンプルを観察した。

窓が通常のガラス製の場合、もう一方の細胞サンプルは元気に生きていた。だが、窓を石英製に替えて行ったところ、もう一方の細胞サンプルは病気になり、ウィルス、細菌、化学的毒物、放射線、紫外線などに直接曝された細胞サンプルと同様に死んだのだった。

この実験は暗室内で行われ、カズナチェエフ博士と彼の同僚によって5000回以上報告された。

カズナチェエフ博士は、石英製の窓を使用すると「死の伝送」が起こる理由に対して、ギュルヴィッチ博士と同じ結論に達した。ガラスは紫外線や赤外線をほとんど透過しないのに対して、石英は紫外線や赤外線を透過させることだった。

実は、これは1950年に西側の研究者らによっても確認されている。そして、紫外線等に曝されて、たとえ臨床的に死と判定されても、可視光線に照らされると、何万もの細胞が蘇生し始めることも発見された。特に、各細胞が誕生するか死を迎える時、細胞分裂を促す紫外線帯域の電磁波が2倍も発せられたのである。死に行く細胞からの死のメッセージが、健康な培養細胞に届き、その死のパターンが拡散していったのである。

身体の全細胞と瞬時に交信するバイオフォトンの驚異！

フリッツ・アルバート・ポップ博士

独マールブルク大学の理論生物物理学者で放射線治療士のフリッツ・アルバート・ポップ博士は、生体細胞から波長200〜800nmの幅広い帯域で微弱なフォトンが放射されていることを発見した。それは、生物系から発せられる可視光線と紫外線スペクトルにおける非熱起源のフォトンである。ポップ博士はそれをバイオフォトンと名付けた。そして彼は、生物系から発せられるバイオフォトンはコヒーレント（位相が揃っている）であることも発見し、それが有機体のすべての生命過程を制御しているのではないかと感じるに至った。

ポップ博士によると、バイオフォトンはオーケストラの指揮者が各楽器の音を調和的にまとめるように、生体プロセスのスイッチを入れ、それぞれ異なる周波数で異なる役割を果たす。そう主張するのも、彼は細胞内の分子はある特定の周波数に反応すること、そして、フォトンからの広範な振動が体の他の分子において様々な周波数をもたらすことを発見していたからである。バイオフォトンのシグナル伝達は、おそらくは光ファイバーと同じような伝送特性を利用して、受信、伝送、そして、電磁データの処理に使われるという。

のちに改めて触れるが、ポップ博士はさらに興味深いことに、バイオフォトンはＤＮＡを起源とする多様な周波数を表し、細胞核のＤＮＡに集中していることも突き止めており、光はＤＮＡに蓄えられ、時間をかけて放出されると主張している。つまり、バイオフォトンは情報エネルギーの同期した波で身体のすべての細胞と瞬時にコミュニケーションを取るとポップ博士は結論付けている。

この仮説は、セルビアのヴィンチャ原子核科学研究所（Institute of Nuclear Science Vinca）の学際研究・工学長を務めるヴェリコ・ヴェリコヴィッチ博士（Veljko Veljkovic）によって支持されてきた。彼女は細胞生物学者たちを悩ましてきた問題に挑んできた。

生命過程は特定の分子間の選択的相互作用に依存するが、それは基本的な代謝作用から最も繊細な感情の差異にまで及ぶ。そんな微妙な問題に対処するには、有機体の中の何万もの異なる種類の分子が特定の対象を選択的に認識できる必要がある。それを可能とさせるのは何なのか？

現在でも、細胞と言えば、水に溶けた袋詰めの分子から成り、生化学反応は、お互い偶然ばったり出会うこと、すなわちランダムな衝突を通して、補完的な形をした分子が互いにかみ合って起こるとされている。この鍵と鍵穴モデルはさらに柔軟で現実的な誘導適合説――主要概念は同じだが、各分子が出会ったあとに他のより良いものに適合するようにわずかに形を変えることを許す――へと洗練されてきた。

それは、いかに酵素がその各々の基質を認識しうるのか、また、いかに免疫系における抗体が外部からの特定侵入者を捕らえ、それらを不活性化させうるのかを説明すると考えられている。タンパク質が異なるパートナー・タンパク質と結合しうる方法においても、様々な手段で遺伝子発現をコントロールするために特定の核酸に錠をかける方法においても、遺伝メッセージを修正する他の多分子複合体、あるいはタンパク質を読み解くリボソームを作り上げる方法においても同様である。

だが、少なく見積もっても1万もの分子種が10の8乗もの対相互作用に関わっている。問題は、分子がとても複雑な補完的形状をしていたら、細胞のように混雑した環境においては、（各分子種のコピーはわずかに数個しかない中）適切な分子同士が互いを発見することはほぼ不可能と思えることにある。

一般的な説明においては、生物の特質を決める遺伝情報は、そのＤＮＡの４つの塩基からなる直線状配列の中にコード化されている（そのいくらかの部分は複写・翻訳されてタンパク質になる）。タンパク質は20の異なるアミノ酸による直鎖状配列をなし、それらはいかに、すべての生命活動を実行する3次元構造へと折り畳むかを決定する。しかし、遺伝情報が実際にどのように生物学的機能へと翻訳されるのか、まったく明確になっていない。また、一つの核酸やタンパク質の構造がいかに他の存在を認識しうるのかも解決の難しい問題である。誰もが核酸やタンパク質の3次元構造が機能の決定に重要であることには同意するが、塩基やアミノ酸の直鎖状配列からそれらを予測することは簡単なことではない。

ヴェリコヴィッチ博士と豪ＲＭＩＴ大学の名誉教授イレーナ・チョシッチ博士（Irena Cosic）は、分子相互作用は電気に基づいており、分子のサイズと比較したら大きな距離を隔てて起こると提言している。チョシッチ博士は、分子が電磁共鳴によって特定のターゲットを認識する機能的電磁場相互作用の概念を示した。すなわち、分子が互いに「見る」「聞く」を可能とする特定の周波数の電磁波を発し、距離を隔てて互いに影響を与え、必然によって互いに引き寄せ合うというのだ。これは、正しく調律された楽器の弦が弾かれれば、チューニング用の音叉(おんさ)が鳴り出し、その振動が持続するようなものである。分子共鳴の利点は極めて選択的なことにあり、誤差は共鳴周波数の0・01％以下となるのだ。

以上のことは、主に植物内での情報伝達に関することだが、もちろん、植物間のコミュニケーションにも適用されると考えられる。そこで、重要な意味を持つのが、先に触れたように、生物系から発せられるバイオフォトンがコヒーレントであることだ。

植物が何らかのアンテナを有していて、無線信号を受信するとしたら、ラジオやテレビのように特定のチャンネル（周波数）に同調せねばならない。バイオフォトンが無秩序に放射（散乱）していては、周囲の植物が同調していくことはできない。

事実、ポップ博士は、健康な生物は少量のフォトンをコヒーレントに発するのに対して、病気の生体は多量のフォトンをインコヒーレントに発する（無秩序に散乱させる）ことも発見した。この事実は、健康体は効率的に周囲と繋がる能力を有する一方、不健康体はその能力を失い、エネルギーを無駄に消耗することを示していると思われた。またこれは、怪我を負って仲間からはぐれてしまった動物が必死に仲間を探そうと動き回る状態と似ている。さらに、病気に侵された植物もインコヒーレントなバイオフォトンを高レベルで放射するため、目立つ存在となり、捕食者である虫の餌食となりやすくなる（害虫被害に遭う）ことも説明されそうである。

つまり、健康に生きるには、周囲と同調し、溶け込めるように、コヒーレントなバイオフォトンを低レベルで発することが条件になりそうである。これをもう少し別の角度から検証してみることにしよう。

【健康体は波動を透過させる】

発ガン性化合物と紫外線の周波数との驚くべき相関

真実は一つだと考える人は多い。しかし、先に触れたように、パンや餅にカビを生やしてしまう原因は、その管理にあると言うこともできれば、カビ自体が周囲に無数に存在することにあるとも言える。また、パンや餅の組織が、カビの進入を許しやすい構造になっているからだと言うことも決して誤りではない。このような多角的思考は重要である。

世の中には、いわゆる発ガン性物質というものがあり、それが発ガン性物質たる所以(ゆえん)は、当然ながら、それがガンを生み出せるかどうかにあると言える。だが、光学的な視点で見れば、特定の波長の光を透過させるかどういうかという点でも判断できる。そんな点に注目してみたい。

１９７０年、一般に普及する電気機器より放射される電磁波がガンや白血病と関係していることを憂慮していたフリッツ・アルバート・ポップ博士は発がん性物質に関心を向けていた。

注目したのは、ほぼ同一の二つの分子で、一つは、５つのベンゼン環が結合した多環芳香族炭化水素（ＰＡＨｓ）のベンゾ［ａ］ピレン（化学式 $C_{20}H1_{12}$）で、もう一つは、同じく５つのベンゼン環からなるベンゾ［ｅ］ピレン（化学式 $C_{20}H1_{12}$）であった。前者のベンゾ［ａ］ピレンはヒトに対して発ガン性がある一方、後者のベンゾ［ｅ］ピレンは、ベンゼン環の配置が異なるため、ヒトに対して発ガン性はない。ポップ博士は、瓜二つの二者の違いを正確に見極めるため、双方の分子を紫外線の光で照らした。

ポップ博士が紫外線光を選んだ理由は、先に触れたギュルヴィッチ博士の実験、すなわち、隣り合わせた玉ねぎの根がそれをコミュニケーションツールに用いて、石英を透過させていたと思われる点を意識したからであった。

ポップ博士が発見したことは、無害のベンゾ［e］ピレンは紫外線を変化させることなく、そのまま透過させたのに対して、発ガン性のベンゾ［a］ピレンは紫外線を吸収し、それをまったく異なる周波数で再放射することだった。それは、まるで周波数帯変換器のようであった。ポップ博士はこの違いに当惑して、紫外線と他の化合物・混合物を使って実験を続けた。発ガン性のものを含め、37の異なる化学物質で試験が行われた。そして、しばらくすると、ついに彼はどの物質がガンを起こしうるのかを予言できるようになった。というのも、どの事例においても、発ガン性の化合物は紫外線を捉え、吸収し、その周波数を変えたからである。

健康な生物は、一定の周波数の放射線を発している！

ここで、紫外線のように波長が短く、エネルギーの高い電磁波を透過させるか、反射させるかの違いが健康に及ぼす影響について触れておきたい。

そこで、注目すべきは、ロシアの科学者ジョルジュ・ラコフスキー（1869－1942）の業績である。拙著『「粘土食」自然強健法の超ススメ』（ヒカルランド）の他、雑誌の記事や講演会等でも触れてきたことであるが、ラコフスキーは、極めて斬新な発想で生命の神秘に迫り、ガンを始めとした難病を治療する器械を開発した。彼の発見と発明が注目を集めるようになると、欧米ではいくつもの病院・診療所で彼の治療器が利用されるようになった。そして、数多くの患者が奇跡的に救われ、医学界に衝撃を与えた。

だが、まもなく彼は嫌がらせを受けるようになり、いかさま医師と烙印（らくいん）を押され、例えばアメリカでは、彼の開発した器械による治療行為は禁止された。そして、1942年に彼は他界すると、まるで何もなかったかのように、世界的にも彼の存在、発見、治療器など、すべてが忘れ去られていったのだ。それは、ラコフスキーの先進性と非凡さがあまりにもずば抜けていたがゆえのことだったと思われる。だが、代替医療・代替科学に詳しい日本人の間でも、なぜかラコフスキーの生前の業績に関してはほとんど知られていないのは残念である。

ラコフスキーの最大の業績は、昆虫が触角を利用して放射線を受信しているという発見を切っ掛けに、あらゆる生物は自ら何らかの放射線を発していると気づいたことである。そして、ある一定の周波数の放射線を一様に発している限り、その生物は健康であるという結論に到達したのだ。

例えば、有害な細菌も独自の周波数で放射線を発しており、それがヒトの体内で繁殖すると、ヒトが発する一様で固有の周波数の放射線が乱され、本来のそれとは異なる周波数の放射線を発し始めてしまう。つまり、有害細菌の発する放射線の影響力が優位になると、ヒトは病気になるというのだ。

ジュルジュ・ラコフスキー

これは、ポップ博士が生物からのフォトン放射を検出する半世紀前、さらに、バイオアコースティックスが構築される65年ほど前のことである。そんな時代に、既にラコフスキーは最新の生体波動理論を確立し、それに基づいてガン治療に大きな成果を上げていたことは驚嘆に値する。

尚、ラコフスキーは、生物が発する放射線の起源はその身体を構成する細胞の核内のフィラメントにあるとした。ここで、フィラメントとは、当時はまだ発見されていなかった染色体のＤＮＡを指すが、ラコフスキーはそれが螺旋を描いている（コイルを形成している）ことには気づいていた。そして、ＤＮＡには伝導性があり、誘電性の膜に覆われた構造は、電気容量（コンデンサ）と自己誘導（コイル）を備えたＬＣ共振回路に比較しうると考えた。さらに、それが発しうる放射線の周波数は、ＤＮＡの形状や長さが判明することで詳細が得られるようになると予言したのだった。

このように先進的で斬新な発想を行うラコフスキーは、さらにスケールの大きな発見に導かれることになる。

地質・土壌という生活環境も、ガンや病気の原因につながる？

ラコフスキーは、自らの発見をガン治療に役立てるべく研究に勤（いそ）しんでいたが、ある時、ガン発生率が地域によって異なることに気づいた。ある地域ではガンの発生が多い一方で、ガン患者がほとんど現れない地域も存在したのだ。彼は、頭上から降り注ぐ放射線が良くも悪くも地上の生物に対して多大な影響を及ぼしているのではないかと考えた。そして、放射線の影響は土壌（地質）に左右されることに気づいたのだ。

ガン発生率の高い土地を調べてみると、地質年代の新しい、鉱物が多く含まれる粘土質の土壌が多かったのに対して、地質年代の古い石灰岩や砂岩の多い土地では、ガンの発生率が低かった。大地は様々な種類の土砂が層状に堆積して形成されているため、詳細を把握するにはボーリング調査が必要だが、少なくとも大地の表層部の土壌に高い伝導性（ミネラル含有性）が認められると、そこで暮らす人々は、相対的にガンになりやすいということに気付いたのだ。

この根拠は、天空からの放射線が伝導性の低い土壌に降り注げば、その土壌が放射線のほとんどを吸収するのに対して、伝導性の高い土壌に降り注ぐと、放射線は土壌で反射・散乱し、地上の我々は過剰に放射線を浴びてしまうというものだった。これは、スキーヤーが白銀のゲ

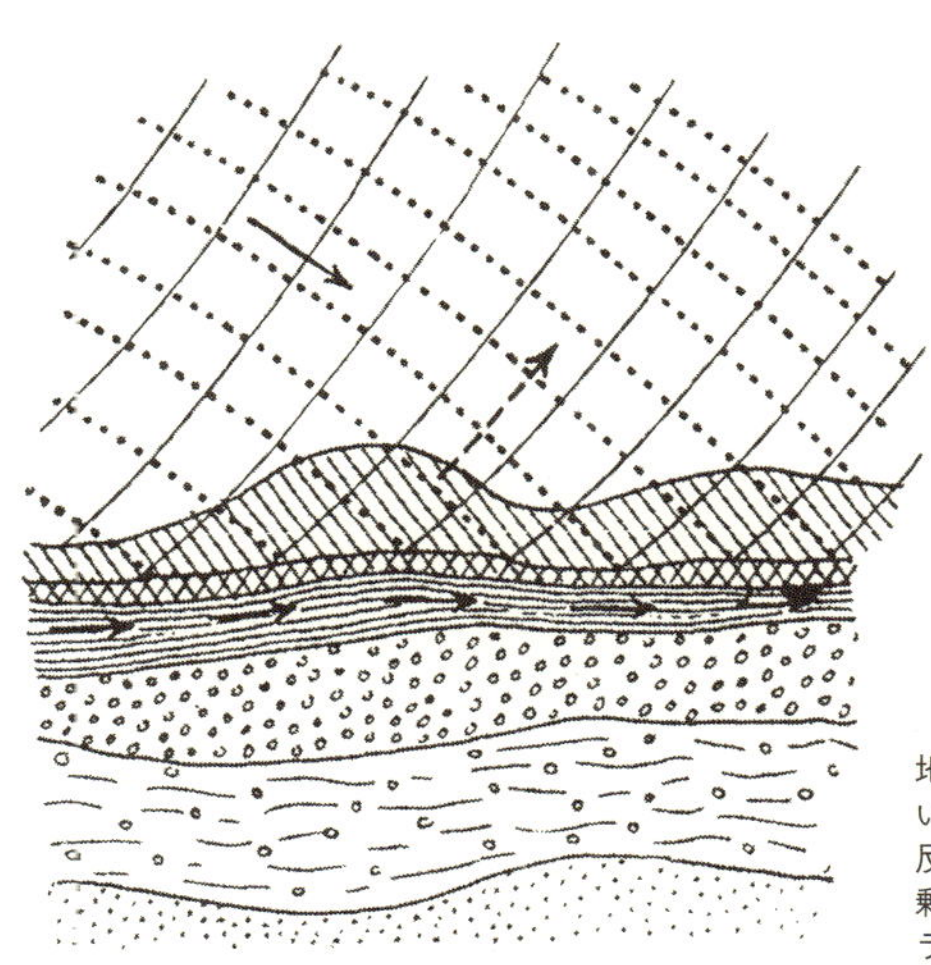

地表部において土壌の伝導性が高い場合、降り注ぐ放射線はそこで反射・散乱して、地上の生物は過剰に放射線を浴びることになるとラコフスキーは主張する

レンデにおいて日焼けする現象と同じで、足元から浴びる反射光（紫外線）の影響は決して過小評価できないことを連想させる。

そのため、ラコフスキーは、過剰に放射線を浴びることを防ぐと同時に、生体の健康にプラスに寄与すると思われる放射線を受信できるような装置の開発に取り組むことになった。まず、彼はガンを注入したゼラニウム（園芸植物）を用意して、自らの発見を証明するような共振装置を用いてその植物を治療してみることにした。

そこで、最初に開発した共振器は、銅線を直径30センチの円環状にしたものだ（次ページ写真参照）。これは、円周に対応した約1メートル及びその整数倍の波長の電磁波を受信し、それによって植物を包み込むような磁界を生み出

ガンを注入して２か月後のゼラニウム。銅線で直径30センチの円環状に囲んだ共振回路を施されたゼラニウム以外は、腫瘍が拡大して枯れている

共振回路を施されたゼラニウムは、３年後には巨大に生長し、対象群との差は歴然となった

し、上空から注がれる放射線を過剰に浴びることを防ぐという代物だった（ラコフスキーは1メートル程度の波長の受信に意義があると考えた）。

そして、実際に得られた結果は、非常に興味深いものであった。前ページ写真のように、この装置を取り付けたゼラニウムはガンを克服して、元気に生長したのに対し、他のゼラニウムはすぐに枯れていったのである。この実験に成功したラコフスキーは、人間に対しても波長数メートルの帯域を主なターゲットとして、有効な装置の開発に取り組むことになる。

生物が固有に発する周波数・波長の放射線を治療に生かせ！

DNAのように、どの細胞においても共通して含まれる対象に対しては、特定の周波数が影響力を持っている可能性がある一方、人体を構成する様々な器官、臓器、組織、神経、細胞などは、それぞれサイズや形など一様ではない。そのため、部分的に見れば、様々な周波数・波長の電磁波が発せられていると考えられる。脳波においても、シューマン共振との関連も無視できないものの、数Hzから数十Hzレベルの周波数の幅がある。

実際、近年では、健康なヒトが人体の各部分で発する周波数が具体的に計測されるようになっている。異常が見られる際は、その部分の周波数が高く現れがちであるが、それに対応する周波数特性をもった薬を与えることで、正常な周波数に戻る傾向が見られる。その薬が、抗生剤であろうと、漢方薬であろうと、周波数の点で対応していれば、効果は比較的即効性をもって現れることについては既に触れた通りである。

ラコフスキーもそのようなことを認識していたのか、当初は主に波長2～10メートル程度の電磁波を治療に利用したが、晩年に開発した多波動発振器（マルチ・ウェーブ・オシレーター）においては、波長10センチ～400メートル、周波数にして75万～30億Hzに対応し、考えうるすべての細胞、器官、神経、組織が、独自の周波数を見つけ出せるようにしたと述べている。因みに、この装置の開発に電気技師で発明家のニコラ・テスラ（1856－1943）が協力したと言われており、偉大なる師の下には有能な人材がやってきたことを感じさせる。

この多波動発振器は、基本的に、ゼラニウムで利用した銅線の直径30センチの輪を発展させたものである。つまり、さらに径の大きな銅製の円環から小サイズのものまで揃えたものである。そして、既に触れたように、欧米の病院や診療所で目覚ましい治療効果を示したのだ。注目すべきことは、X線（波長10nm～100pm程度）を代表とした短波による放射線治療と異なり、この多波動発振器による治療においては、副作用が報告されなかったことである。

どうやら発生させる放射線の波長が長すぎず、短すぎない（周波数が低すぎず、高すぎない）レベルがポイントになり、特にメートル波長は有効と考えられた。ここで、今一度ＬＣ共振回路の特性を有する細胞を見直すことになる。というのも、コンデンサは高い周波数の交流は通しやすいものの直流は通しにくいのに対して、コイルは直流や低い周波数の交流はスムーズに通すものの高い周波数は通しにくい。この性質によりLC回路は特定の周波数の電磁波を選択的に受信・送信できる特徴を有する。特に、DNAはコイルを形成しており、有害になりうる高エネルギーから守られる一方で、シューマン共振のような重要な低周波に対して脳波は同調しやすいと考えられるのだ。

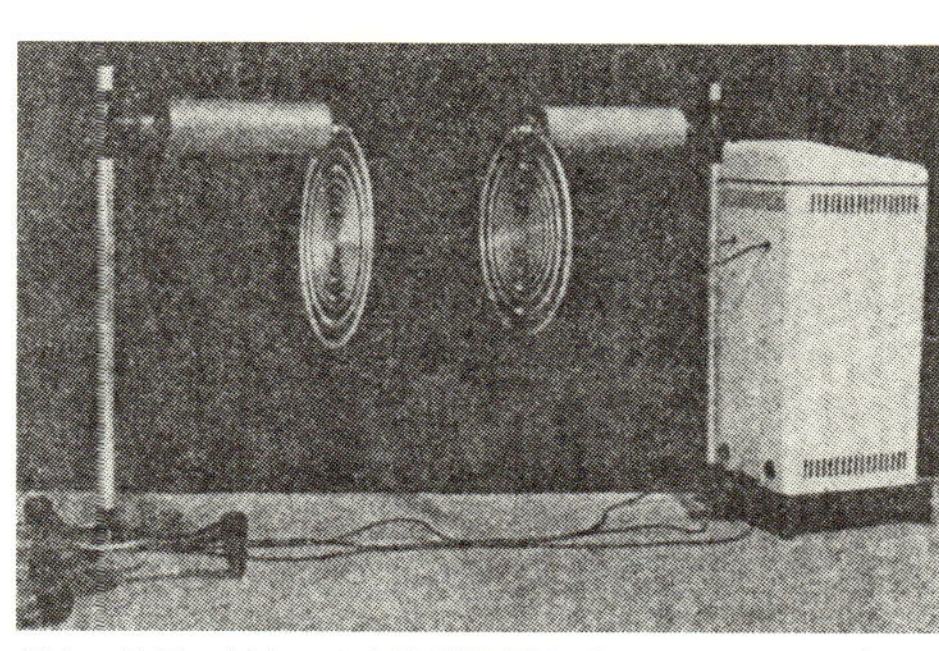

幅広い波長に対応した多波動発振器（マルチ・ウェーブ・オシレーター）。患者は中央に腰掛けて治療がなされた

このように、生物の細胞に極めて合理的なメカニズムが存在することは実に興味深いことであるが、もっとマクロな視点で自然界を観察すると、例えば、地表と電離層との間にもLC回路と類似したメカニズムが見て取れる。上空の電離層と大地は伝導体と見なすことができ、コンデンサの電極プレートに相当する。プレート間の大気中では、雲の形成による蓄電と雷による放電が繰り返されるが、雷の放電によって低周波の電磁波、つまり、シューマン共振が生み出されている。地表と電離層との間の空洞部分を低周波を通すコイルと見なせば、コンデンサとコイルの存在に

より、互いに刺激を与え合うLC共振回路と見なすことができる。

自然は絶えず変化を続けながらも、バランスを保ち、一定のサイクルを生み出せる。これはとても神秘的なことであるが、探せばいくつも発見されるように思われる。

「地産地消」はなぜ健康にいいのか！　そのメカニズムとは!?

先に地質によってガンが発生しやすい点に触れたが、この傾向はすべての場所や人々に当てはまるわけではない。実は、伝導性の高い地質であるにもかかわらず、長寿の村が存在するからである。ラコフスキーは、伝導性の高い土壌でガンは発生しやすいという傾向に例外が生まれる理由を探っている。その結果、条件の悪い土地で暮らしていながらも、長寿の人々は、その土地で取れる水や食べ物を飲食していたという盲点に気づくことになった。

その土地で取れる水とは、遠方から運ばれる水道ではなく、井戸水や小川から飲料水を得ていることを意味する。また、その土地で取れる食べ物とは、当地で育てられる野菜や、当地に棲息する動物の肉を意味する。つまり、地産地消である。なぜそれが重要なのか？

水は、雨となって大地を湿らせ、その土地の土壌を伝わり、地下帯水層に貯まるか、川となって流れていく。そのため、井戸水は、その土地の土壌と同様の成分構成でミネラルや微量元素を含む。また、野菜も、その土地の土壌に含まれる栄養素を内部に取り込んで生長したもので、同様の成分が含まれる。野生動物でも同様で、その土地特有の成分を取り込んで生長する植物を食べて育つため、同様の成分が受け継がれている。

あらゆる生物は放射線（波動）を発しているとラコフスキーは考えたわけだが、その土地で育つ植物や動物、そしてそれらを食す人間も放射線を発している。例えば、同じ種類の植物でも、育つ場所（地質的・地理的条件）が異なれば、浴びる放射線の量や質も異なり、自ずと発する放射線の特性も異なってくる。そもそも生物は、自らが暮らす環境（土壌）に適応せざるをえないと同時に、自ずとそのようになるものである。あらゆる生物が様々な波長の放射線を発しているとは言え、共通の環境（土壌）に根ざしたものは、類似した電気特性を有している可能性があるのだ（結果的に電気特性は波動特性とも言い換えられる）。

そのため、先に、伝導性の高い土壌では放射線が地表部で反射・散乱して、地上の動物は過剰に放射線を浴びることが、ガン発生率の高さに繋がると述べたが、この法則が水や食べ物（動植物）にも適用される。

つまり、土壌、水、食べ物のすべてが互いに近い電気特性を有していれば、放射線の反射・散乱は一様になり、アンバランスに浴びてしまう可能性は減ると同時に、大地との距離感が縮まる(人体のアース効率が高まり、環境との調和度が高まる)。ここで、食べ物とは、もちろん、動植物を指すため、それらが周囲の環境と同調して健康であることが条件となる。病気とは、周囲の環境とは調和せず(コヒーレントなバイオフォトンを発しない)、電気特性も異なることを意味する。不健康体からは、インコヒーレントなバイオフォトンが大量に発せられる一方、健康体からはコヒーレントなバイオフォトンが低レベルで発せられる。コヒーレントなバイオフォトンの放射を粗いが目が揃った網のようなものと考えれば、インコヒーレントなバイオフォトンの高密度放射は、不揃いで密に絡まった網が立体的に膨れ上がったようなものである。つまり、そこに放射線が入射すると、前者は大半を透過させることができても、後者は大きな抵抗、すなわち、体内で過剰な乱反射を受けることになる。これがガンのような病気に結び付くのだ。

我々は、レントゲン撮影された健康体は密度の高い骨を除いて透き通って見えることを知っている。だが、高密度のガン細胞が存在すれば、X線への障害物となり、反射を起こし、過剰に被曝することになる。実際のところ、検査のために頻繁にX線を浴びることはガンを招きかねない。特に、骨のように密度が高い物質をX線は貫通(透過)できず、骨やその周囲に過剰被曝をもたらしてしまう。そのため、地産地消によって周囲の環境に調和し、コヒーレントなバイオフォトンを低レベルで発していれば、我々は放射線を過剰に浴びることなく、透過させる割合を高め、健康でいられるのである。有害な放射線を選択的に避けることは困難である。そのため、むしろ、周囲と調和し、コヒーレントな波動を発すること、すなわち、希薄となり、なんでも素通りさせるような透明人間となることが重要なのである。

原発事故により放射線量の高い地域にありながらも、自然農法で健康な作物を育て、それを食して健康を維持する人々がいる。それは、たとえ汚染が認められても、周囲の環境との調和によってコヒーレントな波動を維持することで、有害放射線を透過させる割合を高められるからであると思われる。恐れ、逃げ、こだわって食品を選択する人ほど、意識は調和から離れ、身体はコヒーレンスを失い、避けられない放射線被曝による影響をより強く受けてしまうことになるだろう。恐れ、こだわり、ストレスなどは自ずと身体を緊張させ、物理的に硬くする。物理的に硬くなると、波動は透過しにくくなり、過剰被曝の餌食になる。これは自然の摂理である。逃げることなく、変えられない環境を受け入れ、調和を目指すことで、健康が得られる。意識は、身体や物理的な行動・ライフスタイルに反映するため、波動の透過・反射のメカニズムを理解することが重要である（もちろん、あえて放射線量の高い地域、すなわち、過剰被曝のリスクの高い地域に出かけることはお勧めできない）。

日頃、我々は外国産の食品をあまりにも多く摂取している。肉やフルーツ、パンや麺類の原料である小麦、味噌や納豆の原料である大豆、さらに、近年では水ですら外国産のミネラルウォーターを飲んでいる。それらはその土地とかけ離れた電気・波動特性を有し、バラバラな放射線を発している。もしラコフスキーが今でも生きていれば、遠方からの飲食物によって体内の電気特性と波動が乱されることが、様々な現代病を生み出す一因となっていているのだと主張することだろう。

最近では、「食の安全」や「地産地消」という言葉がよく使われるようになってきた。だが、その重要性の背後には、多くの人々が知らなかった、深遠で科学的な根拠が存在したのだと言えるだろう。

残念ながら、ラコフスキーが調査を行った19世紀とは異なり、もはや我々は地産地消という優れたライフスタイルを消滅させてしまい、ガンのような病気の発生率と地質との関連性を調査することすら不可能な状態になってしまった。我々は地産地消の生活には二度と戻れない可能性が高く、偉大な科学者ラコフスキーの業績が今後再評価される可能性も期待できそうにない。せめて筆者だけでも今後も語り続けていきたいと考えている。

《コラム》生態系循環から「地産地消」の効用を図解

大地の成分は土地ごとによって異なる。●印は、その土地のミネラルや微量元素などの成分を表している。植物はそれを体に取り込み、その植物を同じ土地で暮らす動物たちが食べる。池や小川に流れ出した成分は、その中で暮らす水生生物が体に取り込む。このようにして、生物はすべてを共有し、それが、身体を構成する成分に反映する。

本来、人間もそのような自然のあり方に合わせるべきであるが、現実には、そうなっておらず、現代人は深刻な状況にあると言える。

人間は、他所から得た肥料など（▲印）を田畑に与え、周囲と調和しない区画を作り出す。過剰に栄養を与えられた植物は、周囲と調和できないだけでなく、身体からアンモニアやエタノールを多く分泌するようになる。波動特性も異なってくる。そんな植物から発せられる放射線を受け止めた昆虫や微生物などは、調和しない植物を掃除にやってくる。あるべき自然環境に戻し、全体をならしていくためである。

だが、人間はそんな植物を守るべく、農薬を使用する。そして、健康的な周囲の野生植

自然界では大地に含まれる成分（●印）がそこで暮らす動植物に浸透していくが、他所から肥料等（▲印）を持ち込んで農作物を育てると、周囲との調和が崩れ、虫や微生物等に攻撃されるようになることを示した図

物ではなく、軟弱で不健康な野菜を食し、身体は▲印の成分で満たされるようになる。その結果、人間も農作物と同様に虫や微生物からの攻撃に弱くなる。これは、もちろん、地産地消からの逸脱、すなわち、自然との調和を失うことを意味する。

人体内にも外界の生態系と同様にバランスを維持する微生物叢が存在する。それは消化器、特に腸内で顕著に認められ、腸内フローラと呼ばれている。腸で栄養素が吸収され、各所に分配されるだけでなく、様々な指令をも各所に伝えている。千島学説では、腸から血液が生み出されると考えられているように、腸は人体の要である。これは、実のところ、当然のことである。

人間を消化器という穴の開いた物体だと考えれば、外の自然環境と直接的に接しているのは、皮膚と消化器である。特に、消化器は食事により、外部から大量の異物を取り込む。だが、その異物とは、自然環境そのものであり、生態系をも内包している。我々は外部の自然環境を内部に移植し、それを身体各所に浸透させ、外の自然環境と調和を図っている。それによってはじめて生きていけるのである。

動物にとっての血液は地球という生命体における水に相当し、腸は地表（表層土壌）部分に、他の臓器はさらに地下部分に、脳は地球の深部に相当する。健全な地球環境においては、水は地下深くへと浸透し、様々な臓器を潤し、健全に保つ。だが、周囲の自然環境と調和しないものが地上で作られれば地球自体が蝕（むしば）まれていくだけでなく、それを体内に取り込む我々は、自ずと外の自然環境と調和できなくなり、体内の生態系のバランスを乱すことになる。外の自然環境（生態系）が腸を介して、人体に適合するように変換・複製されて、それが全身に浸透していくことで我々の身体が出来上がっているのだ。我々はまさに自然に生かされているのである。

【流体波動における浸透圧作用から健康を考察】

発ガン性物質はフォトリペア（損傷修復）を妨害する⁉

先に、無害の物質は紫外線を透過させる一方、発ガン性物質は紫外線を吸収し、それをまったく異なる周波数で再放射することに触れた。

だが、発ガン性の化合物にはもう一つ奇妙な特性があることをフリッツ・アルバート・ポップ博士は発見した。どの発がん性物質も特別な周波数の光、すなわち、紫外線帯域の中でも波長380nmの紫外線に反応したのである。なぜ発ガン性物質が周波数帯変換を起こすのか疑問に思ったポップ博士は、科学文献、特にヒトの生物学的反応について読みあさり、「フォトリペア（光修復）」と呼ばれる現象に関する情報に出くわした。

生物学の世界では、細胞を紫外線に曝すと、DNAを含め、ほぼすべてが破壊されることはよく知られている。だが、同じ波長の紫外線をはるかに微弱なレベルで照射すると1日足らずで損傷をほぼ完全に修復できる。これがフォトリペアであり、今日でも、科学者たちはこの現

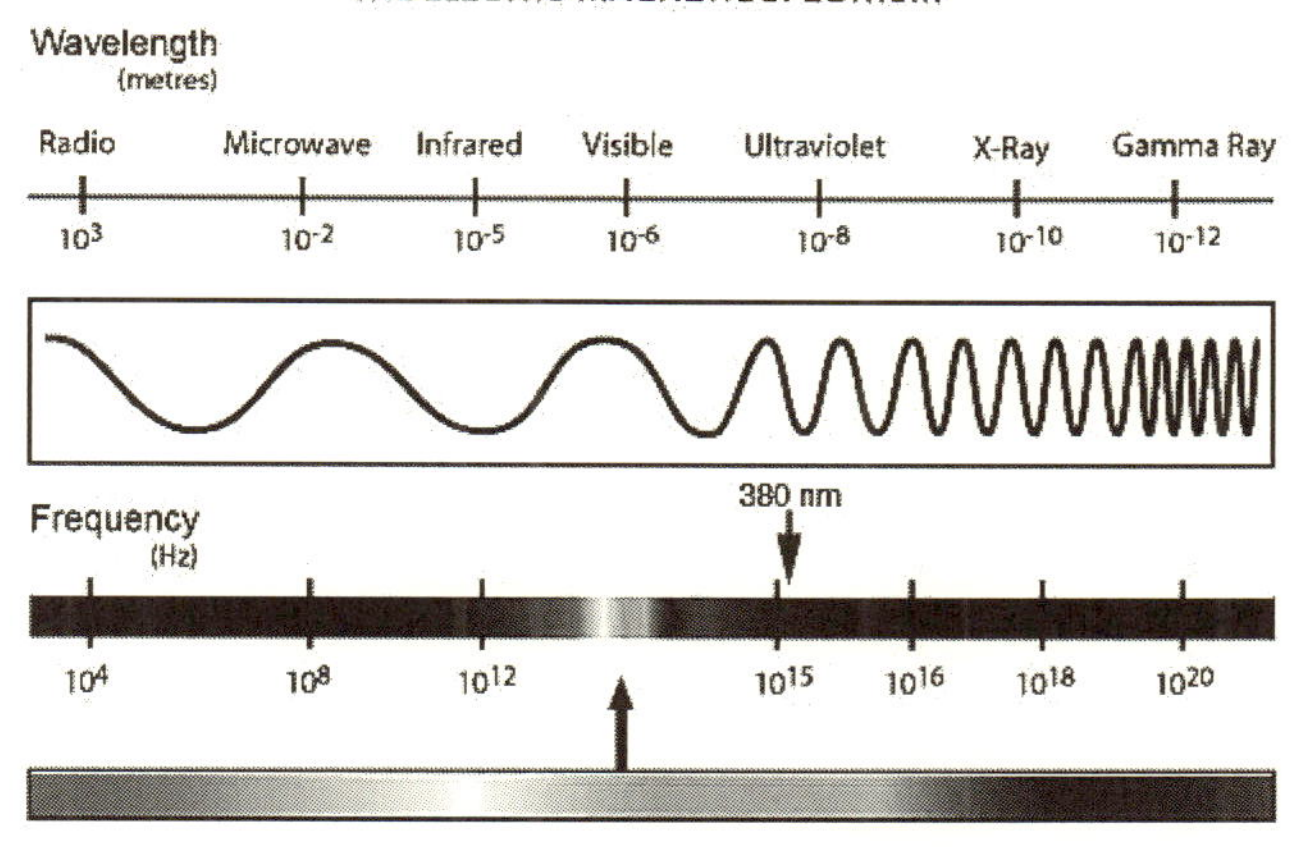

電磁スペクトル（電磁波の周波数帯域）

象がなぜ起こるのかを解明できていない。

（ちなみに、ヒトを含む有胎盤哺乳類を除いた動物には、紫外線曝露によるＤＮＡ損傷を修復し得るフォトリアーゼと呼ばれる酵素を保有する種が存在しており、可視光スペクトルの青色の波長域が、やはり低照度で貢献することは知られている。そして、ヒトの細胞においても、紫外線起因性のアポトーシスを防げるものとみなされつつある）

ポップ博士はまた、色素性乾皮症の患者は自己のフォトリペア（光修復）システムが紫外線による損傷を修復できず、最終的に皮膚ガンで死ぬことを知っていた。そして彼は、フォトリペアは、発ガン性物質が反応し、周波数を変換する波長と同じ、３８０nmの波長で最も効率的に機能する事実に心を打たれた。

そこで、ポップ博士は考えた。もし発ガン性物質がこの波長（周波数）だけに反応するのであれば、それは何らかの形でフォトリペアと関係しているに違いない。もしそうだとしたら、フォトリペアを司（つかさど）るある種の光が体内にあることを意味するのではなかろうか？　つまり、健康体が幅広い周波数の音波をバランスよく発しているように、本来フォトリペアを司る周波数を含めた幅広い帯域の光も、身体から発せられていると考えられる。そして、ある化合物が半永久的に波長380nmの光を阻害・変換し、フォトリペアを機能させなくすることでガンを起こしているのだと考えたのである。

ポップ博士は興奮した。そして、彼はこれを論文にまとめ、名高い医学誌がその出版に同意することになったのである。

健康な生物は一定のリズムでコヒーレントな光を発している

まもなくして、バーンハード・ルース（Bernhard Ruth）という名の学生が博士論文を書くために、自分の研究を監督してほしいとポップ博士に頼んできた。そこでポップ博士は、人体から光が発せられていることを示すことができたら、引き受けてもよいと答えた。

この出会いはポップ博士には幸運だった。というのも、偶然にもルースは優秀な実験物理学者だった。ルースはポップ博士の考えは馬鹿げていると思い、その仮説が間違いであることを証明する装置の製作にすぐに取り掛かった。

ルースは2年足らずで、光を光子（フォトン）レベルでカウントできる光電子増倍管を利用した大きなX線検出器と似た機械を作り上げた。それは、今日でもその分野では最良の機械の一つとされている。というのも、ポップ博士が想定したものは極めて弱い放射と考えられ、それを測定するには、極めて高い感度が要求されたからであった。

早速、ポップ博士はその機械を用いて、取ってきたばかりの葉と木の棒のマッチを暗室で観察してみた。すると、マッチは暗くその存在を見つけられなかったにもかかわらず、葉は葉脈を光り輝かせたシルエットとして浮かび上がったのであった。やはり、ポップ博士の予想通り、生物は光を発していたのだった。

１９７６年、ポップ博士とルースはキュウリの種で実験を行うことにした。観察を行うと、種からは激しく光（フォトン）が発せられていたのが分かった。その光が光合成と関係しているかもしれないと考えた二人は、次にジャガイモを暗室で観察してみることにした。すると、さらに強いとすら思える光が発せられているのが観察できた。そして、調査した生体からはコヒーレントな光（フォトン）が発せられていた。

ポップ博士は、さらに人間を含めた様々な生物が同様にフォトンを発するのかどうか調べていった。その結果、発せられるフォトンの数は、その生物の進化の度合いを反映しているようで、生物が複雑になるほどより少ないフォトンが発せられることが分かった。原始的な動植物は、200～800nmの波長（紫外線から近赤外線までの可視光領域に相当）において、毎秒1平方センチあたり100個のフォトンを発する傾向があるが、人間では、同じ波長において毎秒1平方センチあたり10個のフォトンを発するという。また、健康な人からのフォトンの放射には月、週、昼夜問わずリズムが認められ、それは個人レベルだけでなく、世界レベルのバイオリズムに従っていたことにも気づいたのだった。

さらに、ポップ博士はガン患者らに対してもフォトンの放射を調べている。その結果、すべてのケースにおいて、ガン患者らは自らのコヒーレンスだけでなく、自然の周期的なリズムも失っていた。彼らは内部のコミュニケーション・ラインを乱し、世界との繋がりを失っていたのだ。また、ストレスのある状態においては、人はバイオフォトンの放射を増すことが分かった。

整理すると、健康体からのフォトン放射はリズムをもって低レベルでコヒーレントになされる一方、不健康体からのフォトン放射は無秩序に高レベルでインコヒーレントになされることが分かったのである。

健康を左右するコヒーレントな光はＤＮＡからやってくる

実は、ポップ博士はガンに治療効果をもたらすもの、すなわち、ガン患者にコヒーレント光を取り戻すものを発見している。発ガン性物質がバイオフォトンの放射を変えうるのだとしたら、より良きコミュニケーション（身体内での健康的な同調）を起こせる物質があるのではないかと考えたのだ。そして、ガン細胞からのバイオフォトン放射を変え、身体全体と再びコミュニケーションを取り戻せるものをターゲットとして、様々な植物の抽出液を調べたのだ。その結果、ほとんどのものは、むしろガン細胞からのフォトン放射を増加させてしまったが、例外を発見することに成功した。それは、海外の民間医療に詳しい人々の間ではよく知られる植物だが、ヤドリギ（Mistletoe）であった。ヤドリギは樹木の幹や枝の中に根を下ろした灌木（かんぼく）のような姿の半寄生植物であるが、その抽出液はガン患者の身体を「再社交化」させて、ガン細胞からのフォトン放射をコヒーレントに変えたのだった。

尚、中南米のシャーマンらを取材した人々によると、植物は摘む相手を選び、本来有する波動（フォトン放射）を抑えてしまうことは珍しくないという。また、必要な波動を柔軟に発することの可能な植物もあり、それを引き出せるかどうかは、植物に対する愛情で決まってくる

ヤドリギを売る人

という。そのため、実験は条件によって異なる可能性があり、他にもガン細胞からのフォトン放射をコヒーレントに変えうる植物はいくつかあると筆者は考えている。

では、そもそも我々の体内にある光はどこからやってくるのだろうか？　光は植物の中に存在して光合成の際に利用されるが、我々は植物を食べると、フォトンも摂取したことになる。それは体内に蓄えられるのではなかろうかとポップ博士は考えた。例えば、野菜を食べると、我々はそれを消化し、二酸化炭素と水に代謝するが、太陽と光合成からの光は体内に残り、フォトンのエネルギーは放散して、電磁波の全スペクトルに及んで分配されていく。このエネルギーが我々の身体のすべての分子の原動力となるに違いない。というのも、どんな種類の化学反応でも、その前には、少なくとも一つの電子が、特定の波長と十分なエネルギーを備えたフォトンによって活性化（励起）されなければならないからである。

そんな考察を行ったポップ博士は光の出所についても特定に至っている。その発見の切っ掛けになったのは、ＤＮＡ標本に臭化エチジウムを与えると、ＤＮＡがほぐれていく現象だった。

彼は学生の提案により、臭化エチジウムを与えた後、DNA標本から発せられる光を測定してみることにした。すると、より高濃度の臭化エチジウムを与えるほど、DNAはほぐれていき、発せられる光も強まることを確認した。逆に、臭化エチジウムの濃度を減らすと、発せられる光も弱くなった。

ポップ博士はまた、DNAが幅広い周波数を発することができ、そのいくらかは特定の機能と関連付けられることも発見した。もしDNAがこの光を蓄えれば、ほどける際にさらなる光が発せられることになる。

一連の研究を通じてポップ博士が到達した結論は、発せられる光とバイオフォトンの最も本質的なソースの一つはDNAだということである。DNAは身体を統制する音叉のようなもので、DNAが特定の周波数を発すれば、特定の分子がそれに従う。例えば、皮膚に切り傷ができると、傷ついた細胞はある信号を発して、周囲の健康な細胞にそれ自体のコピー生成に着手させ、傷口を満たして修復させる。皮膚が正常な状態に戻ると、信号が細胞に送られ、修復を止めるように伝えられる。科学者たちはこれがいかに正確に行われるのか、不思議に思っているが、バイオフォトン放射の性質を考えれば説明できる。このような協調とコミュニケーションの現象は、一人の中心的な編曲家（DNA）を伴ったホリスティック・システムにおいてのみ起こるのだ。ポップ博士は、自らの実験において、身体の修復を編成（編曲）するのに光の放射はこのように低強度で十分であると同時に、低強度でなければならないことも確認した。これらのコミュニケーションはとても小さな細胞内で量子レベルで起こるのであり、高強度は大きな世界においてのみ効力を発揮し、大きすぎる「ノイズ」を生み出してしまうのだ。

結局、ポップ博士は、偶然にも自分が、現代のＤＮＡ理論におけるミッシング・リンク、すなわち、一つの細胞がいかに完全に成形された人間になりうるのかという生物学における最大の奇跡に出会うと同時にその答えを得たのではないかと悟ったのだった。そしてポップ博士は、共振回路である細胞の核内から放射線が発せられるとしたラコフスキーの理論に具体性を与え、完成に導いたと言えるだろう。

筆者の考えるフォトリペアのメカニズム

さて、フォトリペアにおいて、低照度の紫外線光が効くことに触れたが、それはなぜなのだろうか？　どことなく希釈されたホメオパシーのレメディーにも通じるようにも思われる。実際のところ、ホメオパシーはフォトン吸収作用があり、いわば、反響吸収剤であることをポップ博士は発見した。高度に希釈されたホメオパシーのレメディーは、異常な振動を引き寄せて吸収し、身体が正常な状態に戻ることを助ける。植物の抽出液だけではむしろ身体に過剰な刺激を与えうるが、どん欲に何でも吸収しうる水の特別な力を借りることで、ホメオパシーは効力を発揮する。だが、「吸収する」という表現よりも、「浸入していく」と考えた方が分かりやすいと筆者は考えている。「吸収する」とは、例えば、スポンジのような固体が周囲から水を吸い込むイメージを持ちやすい。しかし、現実には、浸透圧と似て、希薄な水が周囲にどんどん浸入して行って、過剰なフォトン放射を抑え込むと考えた方が応用が利くように思われる。

そこで、浸透圧の原理を思い出してみよう。

二つの液体が半透膜を介して接しているとする。一方は真水に近い希薄な液体で、もう一方は、含有粒子も大きく濃厚な液体である。その場合、希薄な方の液体が半透膜をくぐり抜け、濃厚な液体の中に入り込もうとする。そして、両者の濃度を均衡させるまでそれは続く。

濃度の違いは、基本的にその性質を変えることはない。何オクターブ上の「ド」でも下の「ド」でも同じ「ド」であることに近いかもしれない。砂糖水は濃くても薄くても甘く、溶け込んでいる成分にも違いはない。液体間を半透膜で仕切れば、薄い砂糖水が濃い砂糖水の中に入り込んでいく。

ここで、無理やり濃い砂糖水を薄い砂糖水の方に流し込もうと圧力を加えるとする。そこで起こることは、半透膜の破裂である。

筆者の考えでは、紫外線による殺菌効果は、濃厚な砂糖水を半透膜に通そうとして、生物の細胞を破壊させることに近い。それに対して、希薄な紫外線は半透膜を破壊せずに内部に進入できる。そもそも、我々にとって光は栄養であり、必要としているものである。だが、浴びる濃度があるレベルを超えると、有害となりうる。その許容度は一定ではないとしても、概してエネルギーが高い電磁波になるほど極めて低くなると考えられる。

ここで、ヒトの細胞を半透膜と見立て、さらにその構造を格子状の金網と考えてみていただきたい。その金網は、健康であれば、均等なサイズで穴が広く開いている。だが、不健康であれば、身体は緊張し、その金網は縮んで歪み、密になっている。それは、フォトンの放射がコヒーレントかどうかとも関わる。きれいに整った格子状の金網からはフォトンがコヒーレントに放射されるが、歪んだ金網からはフォトンはインコヒーレントに放射される。

そこで、何らかの放射線を浴びた場合、歪んで密になった金網を有する不健康体の方が圧倒的に抵抗を受け、ラコフスキー流に言えば、過剰被曝の餌食となる。我々はコヒーレントにフォトンを発し、放射線への抵抗を小さくすることで、より健康を維持できると思われる。

ところで、植物は紫外線を介してコミュニケーションを行っている可能性があることについて触れた。そして、ガラスは紫外線を通さず、石英は紫外線を通したことにも言及した。素材の構造を考えてみれば、確かにガラスは極めて不均質な結晶からなり、石英の持つ結晶構造とは圧倒的に異なる。つまり、縮んで歪んだ金網と、整然とした金網との違いがあることから理解できそうである。

だが、実のところ、これでも完全に謎が解けたわけではない。我々の知る電磁波（光）はその姿を変えることもあれば、この世界には電磁波とは異なる未知の波動も存在するようなのである。それらが混在することで、我々は様々な神秘を体験している可能性があるのだ……。

【古代超科学編】

Project 5

古代人が建てた宇宙エネルギーの捕獲アンテナの謎を探れ！

——ヒマラヤとアイルランドのタワーに
秘められた科学を解く鍵

ヒマラヤ山中に林立する謎の石塔の発見と調査の開始

中国四川省カンゼ・チベット族自治州の東部に位置する丹巴県の石塔
写真＝Munford

１９８２年、チベットに遠征していたフランスの探検家ミシェル・ペイサル氏（１９３７－２０１１）は、中国との国境沿いのヒマラヤの渓谷において、奇妙な背の高い石塔がいくつも立ち並んでいたのを発見した。その後、ペイサル氏は１９９０年代にメコン川の水源や古代種のリウォチェ馬（Riwoche horse　チベット北東部原産の焦げ茶色の小型の馬）などの発見で知られるようになったが、遠征中に両足を骨折し、謎の石塔をはじめ、自身の数々の発見を追跡調査していくことは断念した。

そんな折、ペイサル氏の友人フレデリック・ダラゴン氏がユキヒョウの生態を調査するためにチベットに行くことを知った。ダラゴン氏は、ポロの一流選手で、ある時期、CNN創業者テッド・ターナー氏の恋人でもあった。そこで、ペイサル氏は彼女に必ず石塔を見てくるように言った。

1996年、ダラゴン氏は四川省とチベット自治区との境界付近を訪れた。ある日、ユキヒョウの調査中、彼女は暴風雨に見舞われた。雨宿りできる場所を探していたところ、彼女は近くの山の斜面に背の高い石塔がそびえ立っていたのを発見。翌日以降、さらにその周辺地域を調べてみると、同様の石塔がいくつも存在することに気づいた。

それらはいったい何なのか？　いつ誰が何の目的で建てたのか？　彼女はそれらの雄大な建造物に心を奪われ、結局、ユキヒョウの生態調査プロジェクトは投げだしてしまうことになった。

1998年、いったん母国フランスに帰国したダラゴン氏は、2年間、いくつもの図書館に通っては石塔について言及する文献を徹底的に読みあさった。そして、十分な準備を経た彼女は、本格的に石塔調査に乗り出した。度重なる調査活動のため、彼女は現地に家を購入し、150基を超える石塔を調査した。

もはや、彼女の人生は完全に方向づけられ、自己の目標は、その地域の石塔すべてを地図に記し、それらにまつわる歴史と建造目的を探り出すことになったのである。

2001年、ターナー氏の助けを借りて、ダラゴン氏は石塔を調査するユニコーン財団を設立。2004年には、中国の研究者と四川大学と協力して、四川大学ユニコーン遺産協会を共同設立した。そして、彼女は各地で石塔の写真展を開催し、それらの保存と世界遺産への登録を目指して今なお精力的に活動している。

奇妙な石塔の科学的構造・星形断面の詳細

さて、ダラゴン氏が魅了された石塔とはいったいどのようなものなのか？　その詳細をこれから紹介していくことにしよう。

まず、石塔が分布するのは、カムと呼ばれる地域で、具体的には、四川省成都（チェンドウ）の西に位置するチャンタン（チャン族が暮らす理県、汶川県、茂県）、ギャロン（カンゼ・チベット族自治州のギャロン語圏）、ミニヤ（九竜県を含むカンゼ・チベット族自治州の雅礱江沿い）、そして、チベット自治区の南東部で、拉薩（ラサ）の北東に位置するコンポ地区（コンボギャムダ県およびニンティ県）の4地域である。標高1500から4000メートルほどの山々の斜面に存在する。

いずれも現地まで舗装路はなく、車で行くにも不便な辺境にある。夏は多雨による土砂崩れ、冬は豪雪や雪崩があり、アクセスに極めて困難を伴う。だが、そんな辺境の地は、山岳地帯の中でも比較的温暖で、麦やトウモロコシなどの農作物が豊かに実る。それが理由で、人々はその地で長く暮らしてきたと思われるが、彼らは、石塔が立ち並ぶ中、農業による自給自足の慎ましい生活を送っている。

農業という点においては、山岳地帯における聖域とも思われる場所であるが、なぜ人々は足場の悪い山の斜面に通常の住宅の用途を超えた建造物、すなわち、背の高い石塔を建てたのだろうか？　高いもので50メートルほどに及ぶ石塔が数百基もあるのだ。

匹川省カンゼ・チベット族自治州のギャロン族の石塔
写真＝Frederique Darragon

しかも、石塔の構造は決して簡単なものではない。多くの石塔には縦に筋が入っており、断面の形状は星形（次ページの図を参照）になっている。地域によっていくらかバリエーションがあるものの、代表的な断面形状は、正方形と45度ずらしたそれを重ね合わせた形となっている。つまり、90度に張り出した角

TYPOLOGY STONE TOWERS

TOWERS SITUATED IN VILLAGES WHERE CONTEMPORARY QIANG LIVE

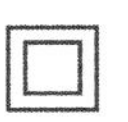

Typical Qiang tower top

TOWERS SITUATED IN TRADITIONAL JIARONG LANDS

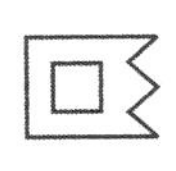

Region with the most numerous and tallest towers.
All of the towers are free-standing and most of them are square.
When they are star-shaped, they have 5 to 13 outward-pointing corners and consequently 7 to 26 sides.
The door is always far above the ground.

TOWERS SITUATED IN THE LANDS OF THE ANCIENT MINYAG TRIBES

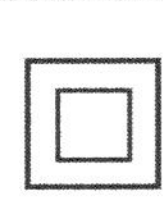

Most of these towers are of the star-shaped kind, usually with 16 sides (8 outward-pointing corners and 8 inward-pointing ones).
The door is usually far above the ground.

They are different from octagonal buildings

TOWERS IN ANCIENT KONGPO AND NYANGPO KINGDOMS

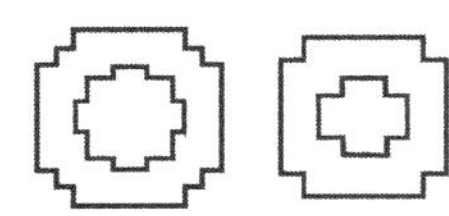

No square towers in this area.
Most of the towers have 12 outward-pointing corners, (as well as 8 inward-pointing ones, consequently presenting 20 sides!)
A few towers only have 8 outward-pointing corners, 4 inward-pointing one and consequently 12 sides,
The door is at ground level.

Cusco, Peru

石塔の断面の形状

ボリビアのティワナクにあるプマ・プンク遺跡

が8か所あることになる。シンプルな円形や四角形などとは異なり、部分的に壁の厚みが変化することもあり、その建造には手間がかかったことが窺(うかが)われる。

使用された石は、特別に加工されたものではなく、わずかな粘土質の泥をセメント代わりに利用して、互い違いにうまく積み上げられている。それぞれの石塔は、上に向かうにつれて先細りしているが、未加工の石材を使用しているにもかかわらず、極めて正確な点対称構造を維持し、美しいシルエットを描いている。かなりの技術である。

尚、チベット南東部で発見された石塔の断面は、奇しくも南米ボリビアにあるプレ・インカ期のプマ・プンク遺跡で発見された精巧なレリーフ模様と酷似していることも興味深い。

いつ、誰が、何の目的で建てたのか？

だが、そんな美しい石塔も、いまや多くが地震や風化によって崩れつつある。いったいこれらの石塔はいつ建造されたのか？

実のところ、石塔とともに暮らす現地の人々も、いつ何の目的で建造されたものなのか、ほとんど何も知らない。仏教僧らも何の情報も持っていなかった。一部の石塔はヤクやポニーの小屋として利用される以外、放置されたままである。彼らは文字を持たず、記録を残す習慣もない。近年では標準中国語（官話）が普及しつつあるようだが、隣の村に行くだけで、言葉が異なることもあり、他の村々との交流も少なく、独自性を維持してきたと言えるだろう。それでいて、4つの地域にわたってほぼ共通した石塔が立っている。もちろん、それは調査を行うダラゴン氏らにとって決して歓迎すべきことではなかった。石塔の謎について、手がかりを得ることが難しいからである。

歴史的な資料を調査した結果、ダラゴン氏は、石塔に関して、明（1368～1644年）の時代の古文書に最初に言及されていることを知った。そのため、それ以前から存在していたことが分かったが、資料は乏しいのが現実である。

科学的な分析を行うにしても、石塔は石でできているため、その建造年代を正確に割り出すことはできない。だが、石塔の内部に木材が使用されている個所がある。内部は空洞になっており、例えば、各階の床は壁に埋め込むように渡された木製の梁（はり）によって支えられているのだ。そして、細い梯子（はしご）をかけて昇り降りされていたと考えられている。

そこでダラゴン氏は、2000年までに、77基の石塔に家屋、寺、城を加えた建築物から108の木材サンプルを採取し、炭素年代測定を行ってみた。すると、それらは500～1800年前のものだと判明したのだ。もちろん、梁に使用された木材は、必要に応じて交換・修復

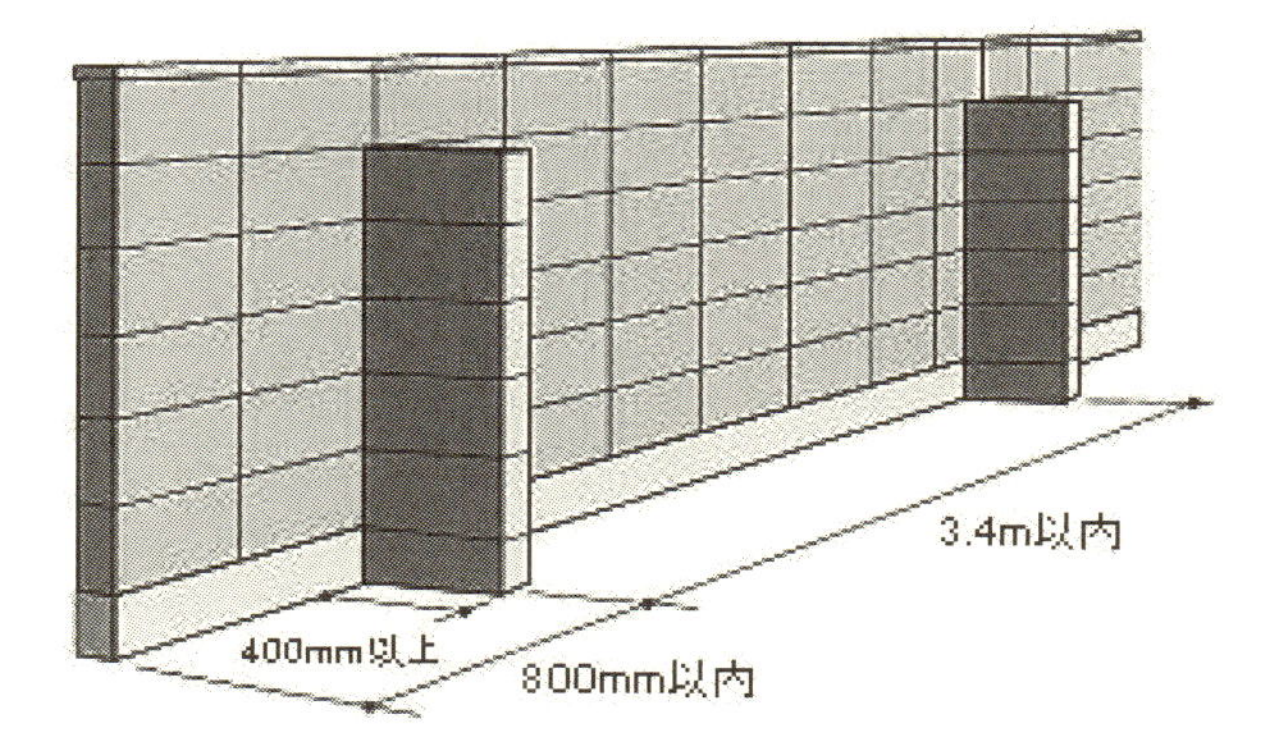

控え壁

壁に埋め込まれた木材

されてきた可能性があるため、その年代を石塔の建造時期に当てはめるわけにはいかないが、古いものでは、少なくとも1800年以上前に建造されたことが分かる。

そうなると、石塔の多くは崩れかかっているものの、現在まで残されていること自体、奇跡に近いと言えるだろう。ヒマラヤの山岳地帯は、日本ほどではないかもしれないが、それでも地震の多い地域である。一見、原始的でシンプルに積み上げられたような石造の塔に何か秘密があるのだろうか？

限られた調査によれば、耐震性の理由の一つは、その独特の構造、つまり、星形断面にあり、壁の厚みの増す部分が控え壁の効果を発揮することで得られていると考えられるという。また、朽ちつつあるものも多いが、床を形成する木製の梁も構造的に貢献してきたと考えられている。

石塔の特徴はアイルランドのラウンドタワーに共通する

では、肝心の建造目的はいったい何なのだろうか？

地元住民はそれを明確に把握しておらず、その説明は人それぞれだという。例えば、ミニヤにおいては、盗賊のような敵の侵入に備えた見張り台であると考える人々がいた。コンポや丹巴県では、富と誇りのシンボルで、貿易によって富を得た者たちが建てたとするものもあれば、息子の誕生時に基礎が作られ、誕生日を迎える毎に各階が追加されていったとするものもあったという。

因みに、無傷に近い状態で残された石塔は限られ、すべてに共通するとは言えないが、その先端部分は特別尖っておらず、半分が削られ、ベランダのようになっている。そのため、見張り台としての機能は果たせたと思われるが、それだけでは手の込んだ塔のデザインや構造を説明できそうにない。

四川省茂県のチャン族の石塔

特に興味深いことは、石塔に開けられた入口又は窓は、地面からかなり高い位置に存在するものが少なからずあり、そう簡単にアクセスできないことである。出入りのために、特大の梯子を要する場合もある。それは、敵を迎え撃つ際、防衛上、有利に働いたと推測する者たちもいる一方、住宅のような建造物と連結していない塔も多く、狭く孤立した不便な空間でもある。

そして、石塔の周囲には、多くの場合、麦やトウモロコシなどが豊かに実る農地が広がっているのである。

そう考えると、いったい石塔の建造目的に何が考えられるだろうか？　ダラゴン氏をはじめとする研究者らは気づいていないようだが、これらの石塔の特徴は、奇しくもアイルランドに存在するラウンドタワーと共通する。代替科学の研究者として、筆者は7年前（２０１１年）、拙著『宇宙エネルギーがここに隠されていた』（徳間書店）を通じてラウンドタワーの謎について説明したが、ヒマラヤの石塔も基本的に同じと考えられる。ご存じない読者からすれば、信じがたいことかもしれないが、それは、頭上から降り注ぐ電磁波や磁気エネルギーを受け止めるアンテナと考えられるのである。

感覚子(アンテナ)を使って無線通信を行う昆虫の習性を発見した科学者

ラウンドタワーの謎の多くを解明したのはアメリカの昆虫学者フィリップ・キャラハン博士である。キャラハン博士は、１９４３年、20歳の時に陸軍に入隊し、無線教習所に配属された。そして、第二次世界大戦中は北アイルランドの小村ベリーク近郊の無線基地で飛行機を誘導する任務に就いた。

昆虫好きのキャラハン博士は、飛行艇が蛇行しながら基地へ向かって飛んでくるのを眺めな

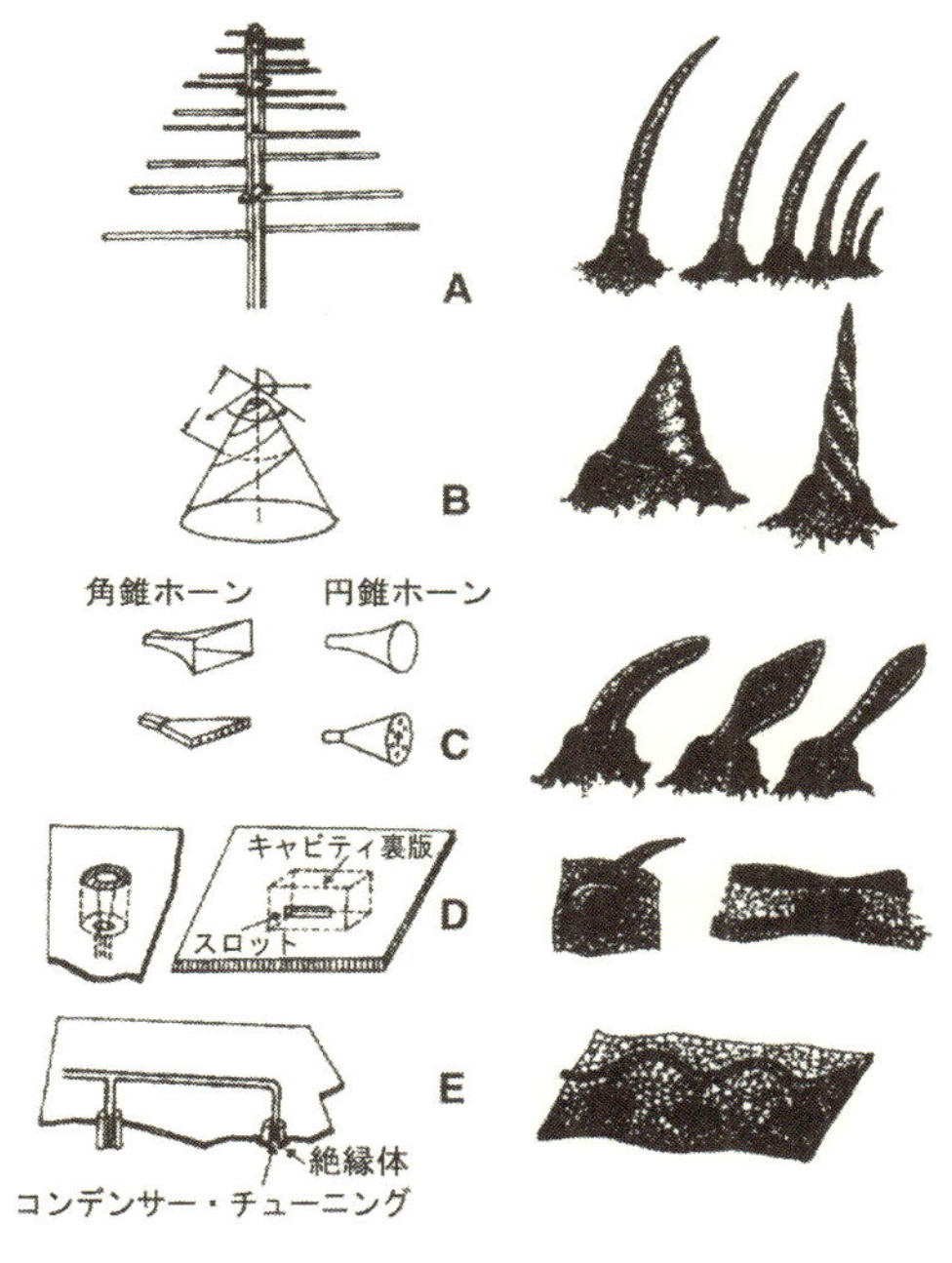

主な感覚子の形状

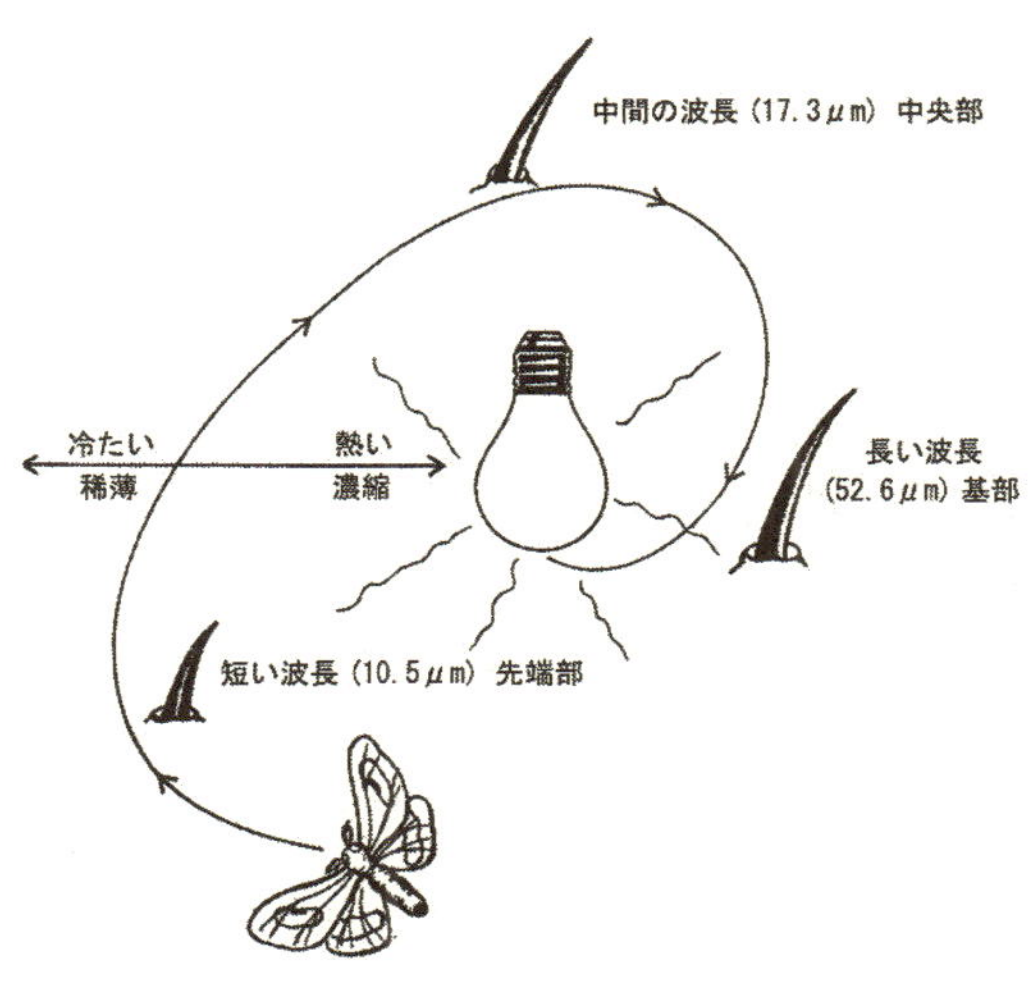

旋回しながら光へと向かう蛾

がら、その姿を昆虫の姿とだぶらせ、昆虫も無線通信を行って飛んでいるのではないかと考えるようになった。そして、昆虫の触角に生える様々な長さの感覚子（トゲ）が赤外線を受信するアンテナになっていることを発見した。トゲは細長い円錐形をしており、その長さに応じた波長の電磁波（赤外線）を受信していたのである。

例えば、雄の蛾は雌が発するフェロモンを捉えて近づいていくが、雌から離れるほどフェロモン分子の温度は下がりながら分散し、放射される赤外線波長も短く弱くなる。そのため、雄が雌から離れている時は短い感覚子で、近づくにつれてより長い感覚子で赤外線を受信して追跡していくのである。そのため、（匂いを増幅する）光に集まる昆虫たちは、ぐるぐると旋回しながら徐々に距離を縮めていくのだった。

キャラハン博士は、ベリークに駐留時、フェルマナ州のアーン湖の真ん中に浮かぶ無人のデヴェニッシュ島をしばしば訪れた。デヴェニッシュ島には、高さ25メートル、周囲15・4メートルの5階建てのラウンドタワーが良い保存状態で存在していた。

ラウンドタワーとは、9～12世紀頃に建造されたとされる不思議な円塔で、緑豊かなアイルランドの田園地方に65基存在することが分かっている。修道士たちに使われてきたとされるラウンドタワーは、測地学的にも天文学的にも、何らかの理由があって、位置と方位が定められ

デヴェニッシュ島のラウンドタワー（写真：Philip S. Callahan 著『Paramagnetism』より）

デヴェニッシュ島のラウンドタワー　写真＝ HENRY CLARK

て建てられている。円塔には窓があり、それらの窓は投げ掛ける影によって至点（夏至と冬至）ないし分点（春分と秋分）の日が分かるように配置されているという。だが、考えられているよりももっと前に建造された可能性もあるだけでなく、その用途と詳細は長年謎とされてきた。

昆虫の触覚と同じ⁉　常磁性を有するタワーの岩石に注目

そんなラウンドタワーの一つがデヴェニッシュ島にあり、地元の農民たちは飼っている牛をわざわざはしけに乗せて連れて行っては、また連れ戻していた。そんな光景を目にしたキャラハン博士は、地元の漁師にその理由を尋ねてみた。すると、その漁師は当たり前のように、その島には本土よりもいい草がたくさん生えているからだ、と答えたのを聞いて、キャラハン博士は興味をそそられた。

ラウンドタワーの存在と、草が元気に生長することとの間に何か関連性があるのではないか？実際、塔から離れたエリアと比較すると、塔の周囲に生える植物は、いずれも中心（塔）に向かってお辞儀をするかのような姿勢で元気良く茂っていたのだ。よく観察してみると、塔の南側よりも、北側の植物の方が元気に生長しているようだった。

アイルランドのティマホーのラウンドタワー（パブリック・ドメイン）

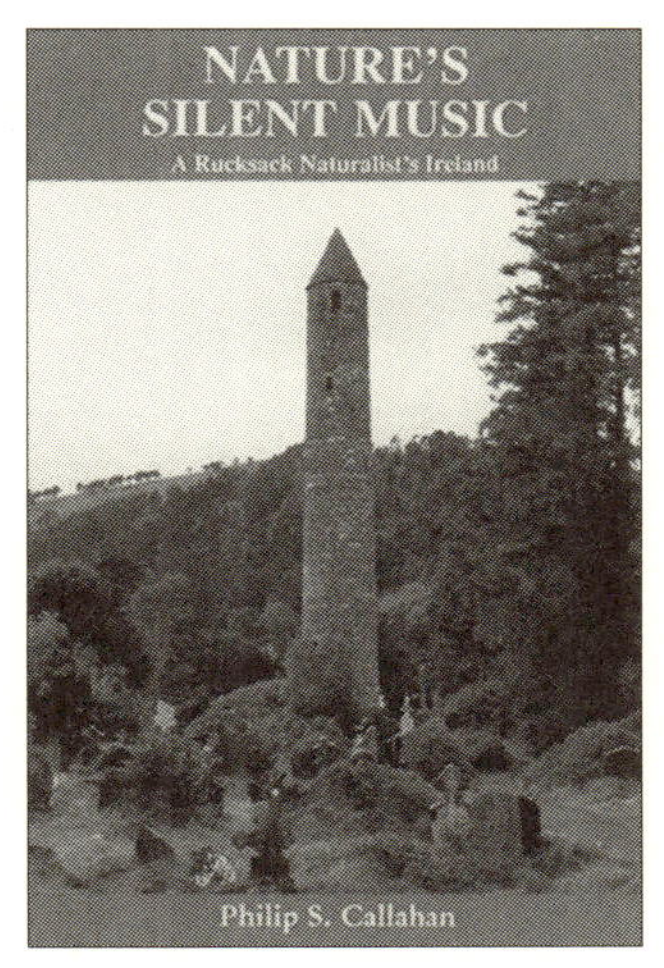

フィリップ・S・キャラハン著『Nature's Silent Music: A Rucksack Naturalist's Ireland（自然の静かなる調べ）』（1992年、Acres U.S.A. 刊）

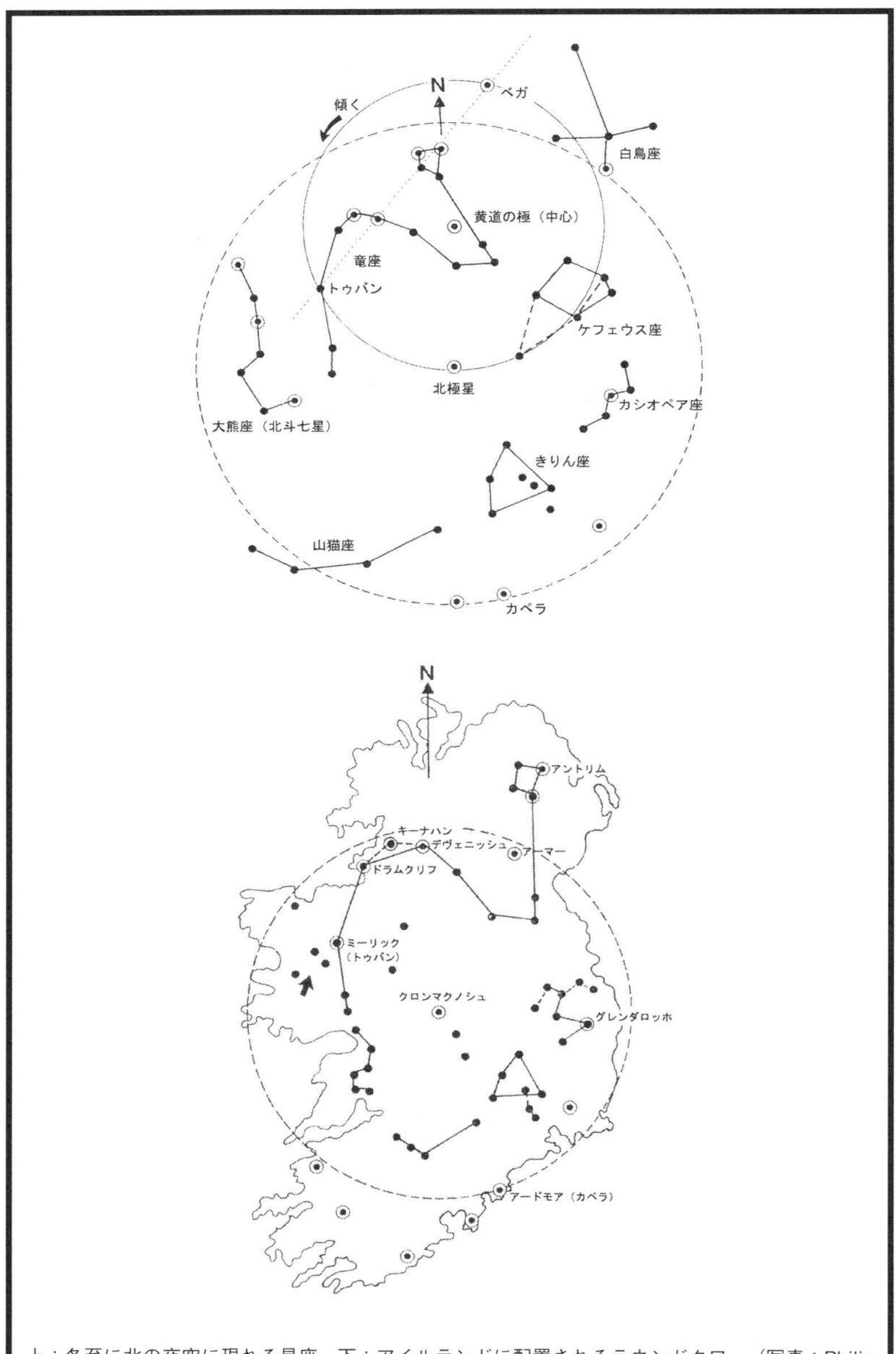

上：冬至に北の夜空に現れる星座　下：アイルランドに配置されるラウンドタワー（写真：Philip S. Callahan 著『Ancient Mysteries, Modern Visions』より）

キャラハン博士は、円塔の位置がすべて書き込まれたアイルランドの地図を入手して、眺めてみると、興味深いことに、塔の配置が12月の冬至の日の北の夜空の星図に似ていることに気づいた。北極星は、アイルランドの中央平野を流れるシャノン川に臨むクロンマクノシュの修道院の構内にある、特に大きく見事な塔によってはっきりと示されていた。ラウンドタワーには何か深い秘密があるに違いなかった。

ラウンドタワーを調べてみると、常磁性の石灰岩や砂岩、玄武岩などでできており、草で覆われた反磁性の地面に立っていた。反磁性とは、例えば木材のように、紐(ひも)に吊(つ)るして強力な磁石に近づけると、弱く反発する性質で、大半の有機体分子は反磁性を示す。一方、常磁性とは、物質の形状（やサイズ）によって弱く磁石に引き寄せられる性質で、火山岩や灰に顕著に見られる。

常磁性は、強力に磁石に引き寄せられて磁化する鉄のような金属に見られる性質ではなく、単に弱い磁気感受率を持った物質に見られる性質でもない。鉄のような金属片を磁石に擦りつければ、磁力はその金属片に移る。磁力の強い磁石に長く擦り続けるほど、その金属片はその磁気エネルギーを強く吸収する。

だが、常磁性の素材に対してそれはまったく通用しない。植木鉢の原料である粘土は常磁性を有するが、強力な磁石にどれだけ擦りつけても、磁気エネルギーの吸収力は増加しないのである。そのため、弱いが固定した磁気力を持つと言われる。

ラウンドタワーという特別な形状は、その常磁性の力を引き出しているのではなかろうか？そして、ラウンドタワーは、太陽や宇宙の星々から放射される何らかのエネルギーを受信するアンテナの役目を果たしているのではなかろうか？

キャラハン博士がそう睨んだのには理由があった。ラウンドタワーは、昆虫の触角にある感覚子と同じ形状をしていたからである。感覚子は1ミリにも満たない長さで、赤外線の波長（0・001～1㎜）に対応するため、優れた受信アンテナになりうる。一方、ラウンドタワーは、40メートルにも及ぶ高さがあるため、メートル波長の電波を受信するアンテナなのではあるまいか？　感覚子が金属導体とは異なるアンテナであるように、ラウンドタワーも岩石というシリコン半導体に近い誘電体（不伝導性の素材）で作られたアンテナと考えられたのである。

そこで、キャラハン博士は、常磁性素材を用いて、実物のラウンドタワーと同じ小型模型を制作した。そして、クライストロンと呼ばれる高周波発信・増幅器を使って、模型のサイズに合わせた波長の放射エネルギーを発生させ、その電波ビームの中に模型を置いてみた。

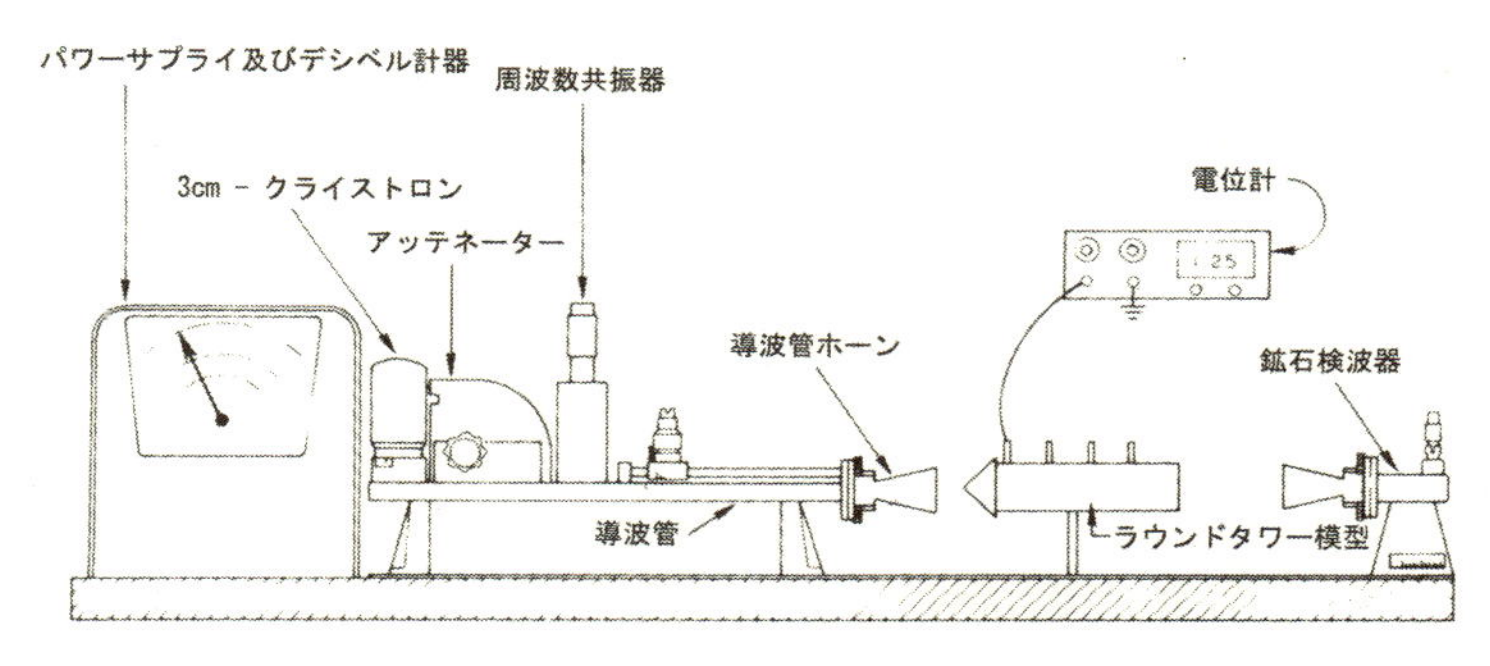

クライストロンを使ってラウンドタワーの模型に電波ビームを照射する実験図。（Philip S. Callahan 著『Ancient Mysteries, Modern Visions』より）

すると、案の定、模型タワーに接続された電位計の表示は6デシベルから9デシベルへとはね上がったのだった。これは、ラウンドタワーが間違いなく導波管（光を含む電磁波の伝送に用いられる中空の構造体）であることを示していた。

常磁性素材で製作した小型模型でセンチメートル波を捕獲することが可能であるならば、同じく常磁性素材の岩石で作られたラウンドタワーが宇宙からやってくるメートル波を捕獲できることは間違いなかった。キャラハン博士は、ラウンドタワーは宇宙からエネルギー（電波）を共振して捕獲する導波管アンテナであり、すべてを一つにまとめるシリコン整流器であるとの確信を強めたのだった。

電波受信と磁気エネルギー捕獲という2つの重要な役割

ラウンドタワーは、宇宙からやってくる電波エネルギーの電子コレクターであるばかりか、磁気エネルギーの巨大な蓄電池である可能性が高い。キャラハン博士はそれを証明すべく、タワー自体が磁石に引き寄せられるのかどうか実験を行った。

既に触れたように、ラウンドタワーは常磁性の岩石でできていた。そして、磁石に引き寄せられる常磁性の性質は物体の形状（やサイズ）によって変化する。そのため、この特別な形状が常磁性を高めることを示そうとしたのである。

実験に利用した素材は、ラウンドタワーの模型を制作する厚紙、粉状に砕いて模型の表面に貼り付ける赤色粘土製の植木鉢、そして1000ガウスの磁力を持った磁石である。

赤色粘土は常磁性であるが、もちろん、植木鉢その

磁石に引き寄せられるラウンドタワーの模型。（写真：Philip S. Callahan 著『Ancient Mysteries, Modern Visions』より）

ままの状態では磁石に引き寄せられることはなく、粉末の状態にしても、磁石に引き寄せられることはまずない。また、厚紙だけのタワーも磁石には引き寄せられない。

だが、接着スプレーを使って粘土粉を表面に貼り付けた模型は、前ページ写真のように磁石に引き寄せられたのである。


では、具体的に、ラウンドタワーはどのように磁気エネルギーを捕獲するのだろうか？

例えば、画用紙の上にばら撒(ま)かれた砂鉄が、その下に当てた磁石によって磁力線を描き出すように、少なくとも常磁性の作用を、誰にでも分かるように視覚的に示すことができないものかとキャラハン博士は思案した。つまり、太陽からの磁気エネルギーを受けて、砂鉄に代わる何かが、模型表面にたくさんの円環でも描いてくれれば御の字なのであるが……。

とはいえ、常磁性力は非常に弱いため、砂鉄のような重たい粒子を動かすことなどできないのは分かっていた。もっと軽量で、敏感に反応しうるものでなくてはならない……。

そして、ついにキャラハン博士は、カーボランダム紙で製作したラウンドタワーの小型模型をそのまま利用できる名案を思いついた。それは意外と簡単なもので、模型をエプソム塩の溶液に1～2日間浸けて、その後は天日で乾燥させることだった。

エプソム塩は硫酸マグネシウムで、軽量で白くきめ細かい粉末である。簡単に安価で入手で

24時間エプソム塩に浸した後、48時間天日で乾燥させたカーボランダム紙製のラウンドタワー模型。左がデヴェニッシュ島にあるタワーの模型で、右がメイヨー州ターロックにあるタワーの模型。塩が等間隔で層状に結晶化した環が双方に見られる。特に、右の模型には、各階の床と窓が存在する位置に固まって塩が結晶化している様子が分かる。（写真：Philip S. Callahan 著『Ancient Mysteries, Modern Visions』より）

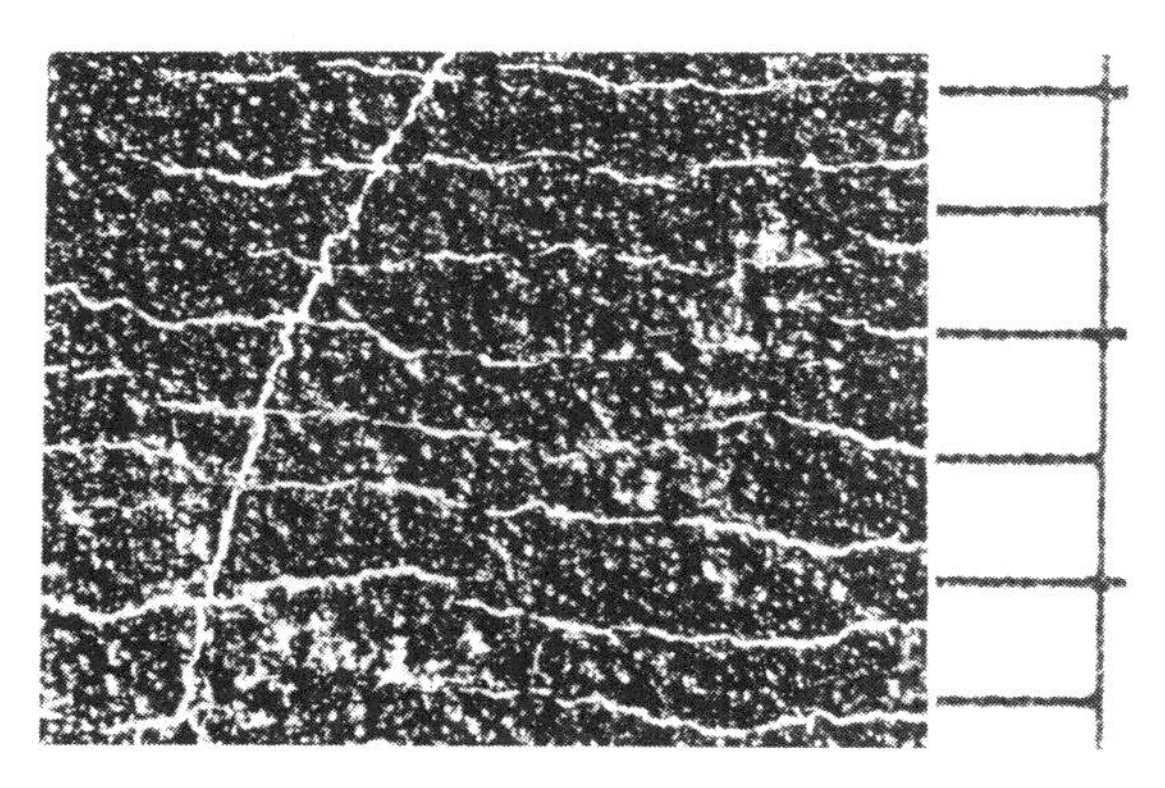

上の写真を拡大したもの。模型表面に約1ミリ間隔で現れた白いエプソム塩の帯が磁力線として認められる。（写真：Philip S. Callahan 著『Ancient Mysteries, Modern Visions』より）

きる。そして、都合の良いことに反磁性体である。そのため、エプソム塩の染み込んだ模型は、ごく微弱な磁力にも容易に影響を受けるはずで、乾燥して結晶化していく過程で、何らかの変化が視覚的に認められるに違いないとキャラハン博士は睨んだのだった。

はたしてキャラハン博士の予想は的中した。天日で乾燥させる実験を行ってみたところ、その模型には、尖った先端から基部まで螺旋状の白線が約1ミリ間隔で取り巻いていたのを彼は確認できたのだ（前ページ写真参照）。また驚いたことに、各階の床と窓に相当する部分に、とりわけ太くて濃いエプソム塩の白線の帯が現れた。さらには、半年から1年間天日に曝すと、エプソム塩の結晶が成長して盛り上がるのだった。

これらの磁力線は電磁無線共振アンテナで測定できるエネルギーの定常波と類似したものだった。キャラハン博士によると、その定常波は電気工学技師たちに電磁モード（electromagnetic mode）と呼ばれているが（おそらく横モードと同じと思われる）、塔はまるで最強のモード（線）が床に集中するように設計されているようだった。

以上のことから、ラウンドタワーは実際に常磁性のエネルギーを集積させることに使用される磁気アンテナでもあったことがキャラハン博士によって確認されたのである。

実地検証で判明！　古代技術者が作り出した精緻なる巨大科学機器

だが、キャラハン博士は模型を使った証明だけでは満足できなかった。実物のラウンドタワーで受信状況の測定を行って自説の正当性をさらに補強したかった。とはいえ、測定機器は極めて高価であった。安価な装置で幅広い周波数に対応した検知器の必要性を感じた。そこで、器用にも、海水に浸した一枚の黄麻（ツナソ）の繊維（布）を使った周波数測定装置（Photonic Ionic Cloth Radio Amplifier Maser［PICRAM］）を開発し、特許（No. 5,247,933）を取得したのである。

キャラハン博士が開発した無線検知器 Photonic Ionic Cloth Radio Amplifier Maser（PICRAM）。（写真：Philip S. Callahan 著『Paramagnetism』より）

そして、自ら開発した検知器とオシロスコープを使って、アイルランドのグレンダロッホにあるラウンドタワーで信号測定を行った。

まず、ラウンドタワーの基部に、海水に浸した黄麻のコード（PICRAM）

を当てて測定を行ったところ、地表レベルではまったく信号は検出されなかった。そこで、15センチの高さに移動させてみると弱い信号が検出され、90センチの高さにするとかなり強くなった。そして、地表から3・2メートルの高さにある、南南東向きの扉のところでは、最大の数値20mVを記録した。

キャラハン博士は様々な時間帯に繰り返し測定を行ってみた。すると、検知器がタワーに触れる度に、大気波ELF（極超長波）の8Hz、ULF（低周波）の2000Hz、そして0～300Hzのターゲット波が3～8倍になって強く記録されたのだ。8Hzは、もちろんシューマン共振であり、樹木も受信しているが、ラウンドタワーも受信していたことが分かった。2000Hzは、電気麻酔の帯域（600～4000Hz）にあるが、植物にとっては重要な帯域で、周囲の農作物の品質や収量に影響を与えうると考えられる。

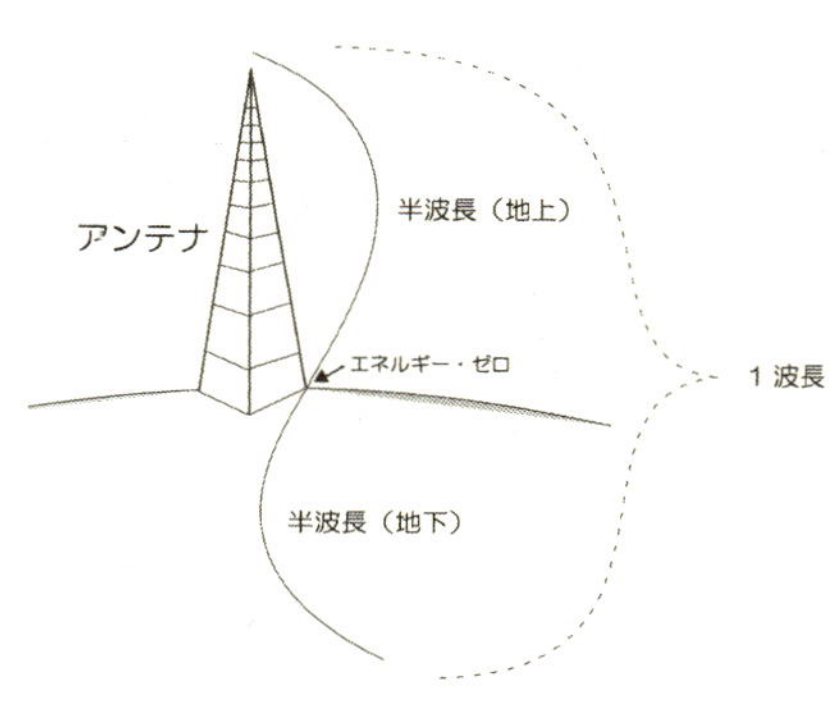

ラウンドタワーの高さ（長さ）は受信波長の半波長分を占める

また、ターゲット波とは、弓矢や小銃の射的と似て、同心円状に輪が描かれたような波で、横から見れば、中央から左右対象に垂直に波打つものである。例えば、

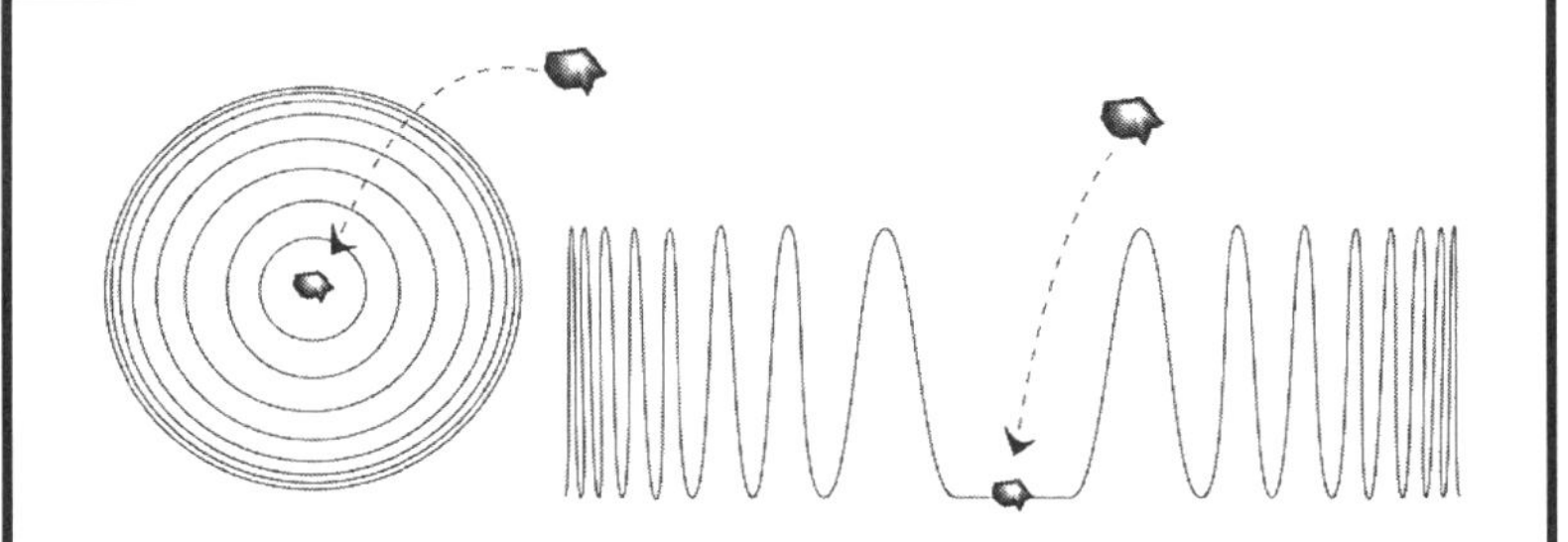

左図は小石を水面に落とした際に現れるターゲット波を上から見下ろしたもので、右図はその波を横から見たもの。（図：Philip S. Callahan 著『Paramagnetism』より）

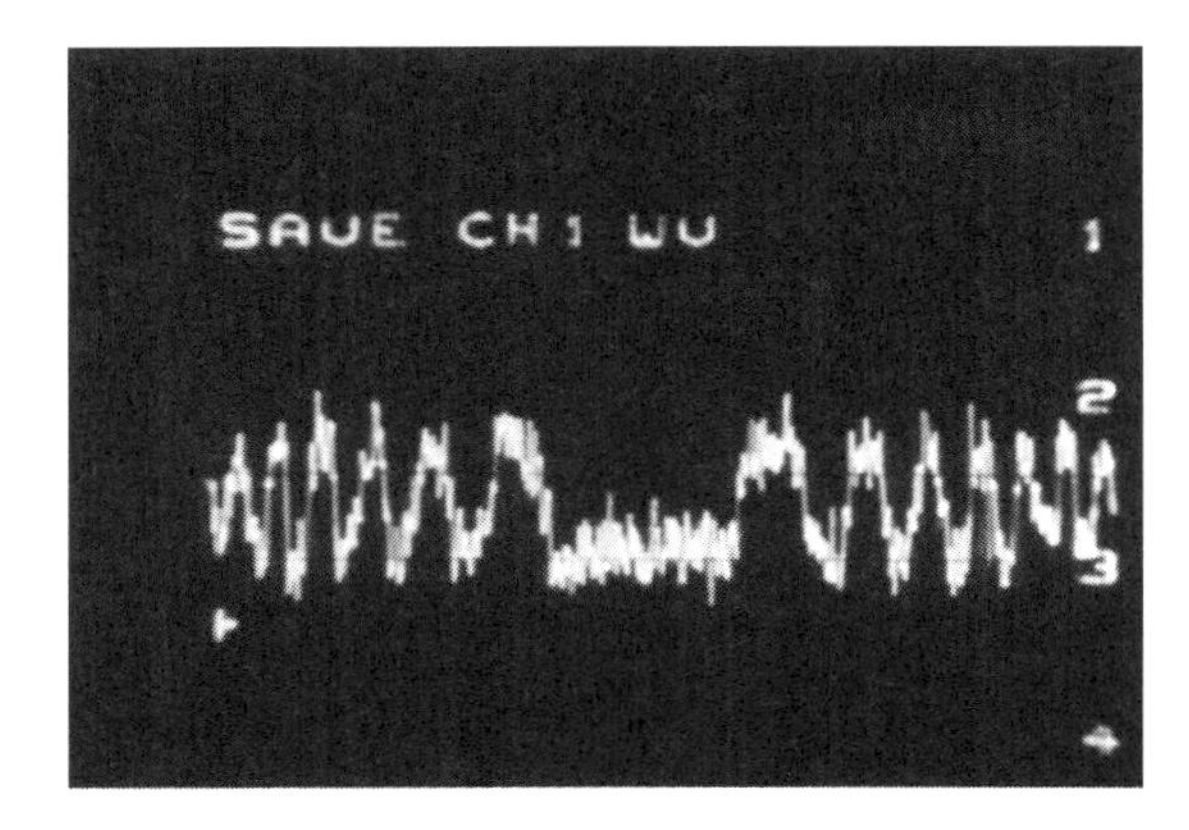

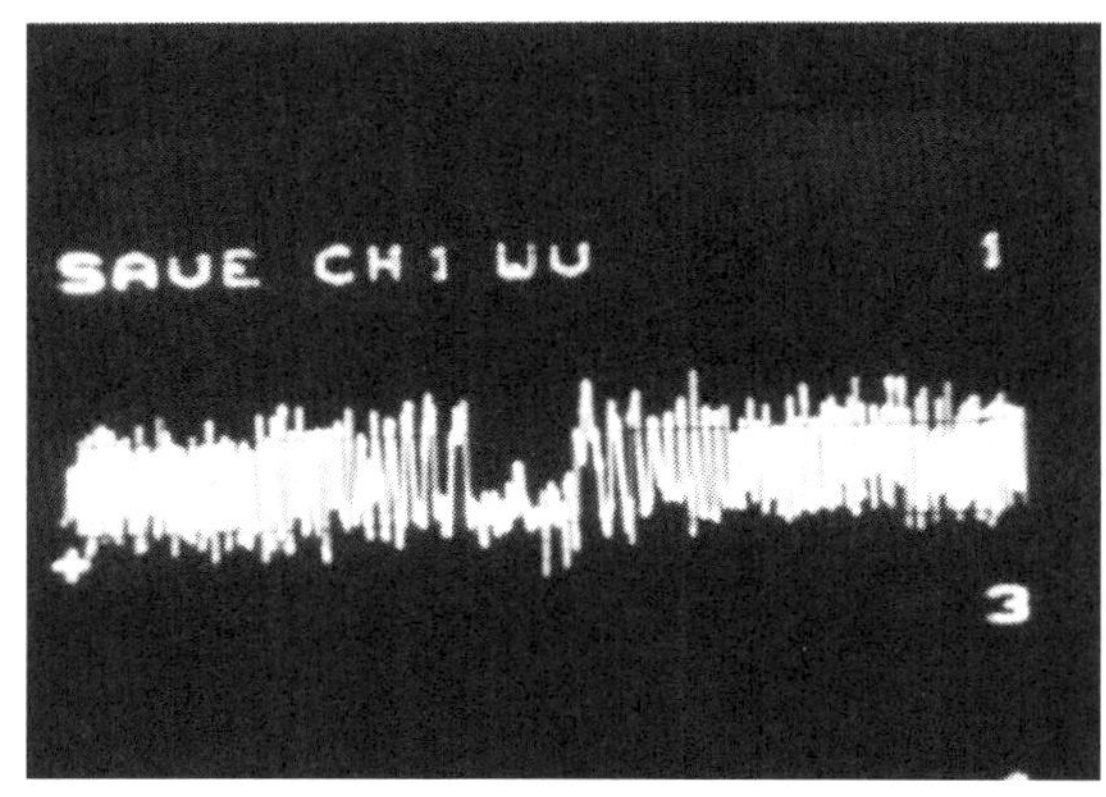

オシロスコープで表示されるターゲット波（側面から見たもの）。（写真：Philip S. Callahan 著『Paramagnetism』より）

静かな水面に石を落として形成される波紋として捉えられる（前ページの上図参照）。

そして分かったことは、塔は地上部で半波長分、地下部で半波長分の、合わせて一波長分を捉えるアンテナになっていたことだった。


尚、興味深いことに、8Hzと2000Hzの波は、日の出と日没時に最大となっていた。

これにより、ラウンドタワーは、ELFからULFにも対応した無線アンテナであり、常磁性の増幅器であることが判明した。すなわち、9世紀から12世紀のアイルランドの修道僧らは、岩石でアンテナを作り出すエンジニアであったことが示されたのだ。

ラウンドタワーが植物の生長をこうして促進させる！

では、ラウンドタワーが存在することで、実際にどのような恩恵が得られるのだろうか？

先に触れたように、ラウンドタワーの周囲に生える植物は、いずれも中心（塔）に向かってお辞儀をするかのような姿勢で生長が早まる。

そこで、キャラハン博士は、大小様々な大きさの植木鉢を用意して、中央にラウンドタワーの模型を立て、その周囲にラディッシュの種を播いては、発芽と生長の度合を繰り返し調べて

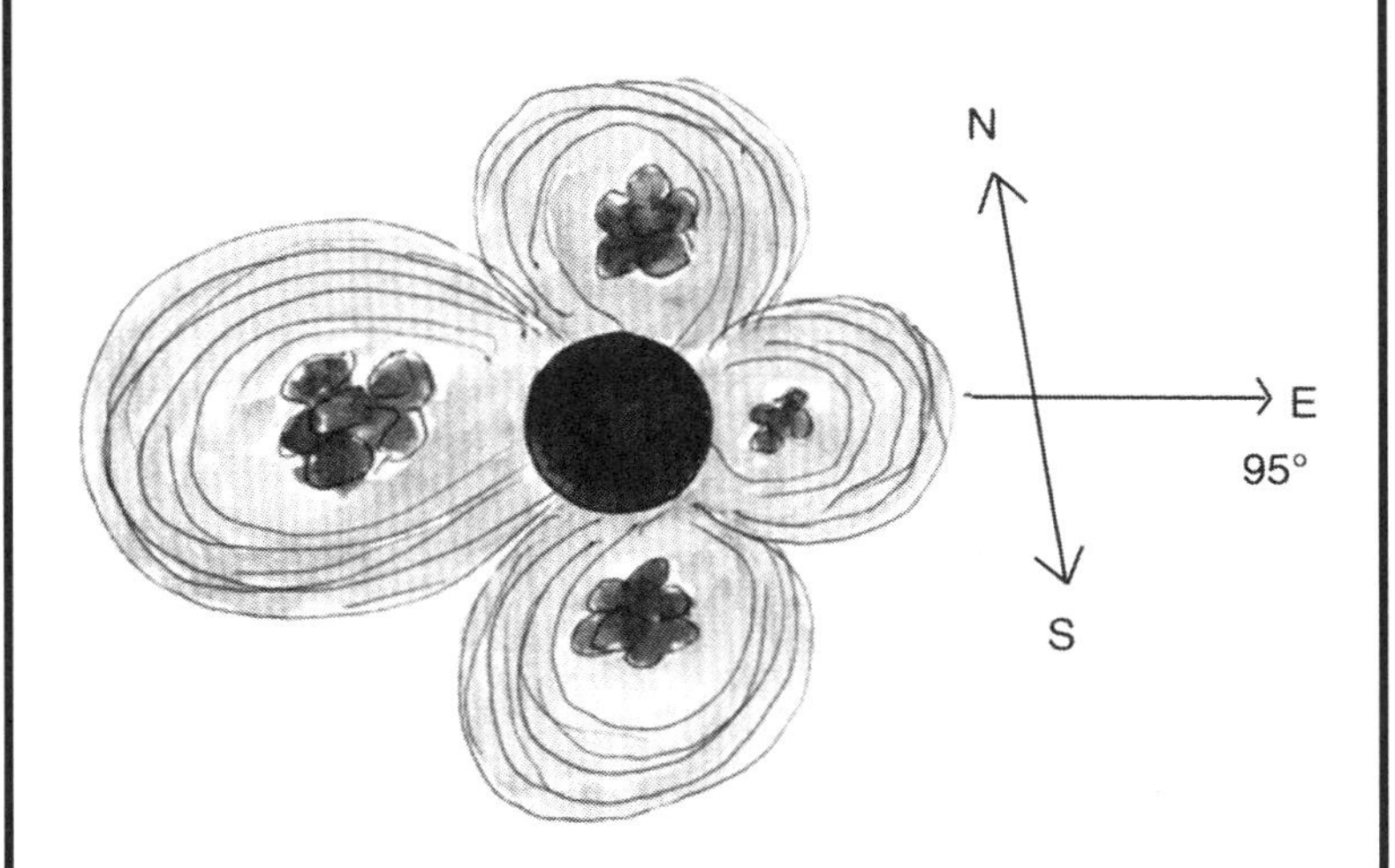

ラウンドタワー模型を中心に置くと、周囲にクローバーの葉のようにエネルギーが増幅されるエリアが生まれる。西側に配置された植物の生長は際立って早まるが、東側の植物の生長は鈍る。（写真：Philip S. Callahan 著『Paramagnetism』より）

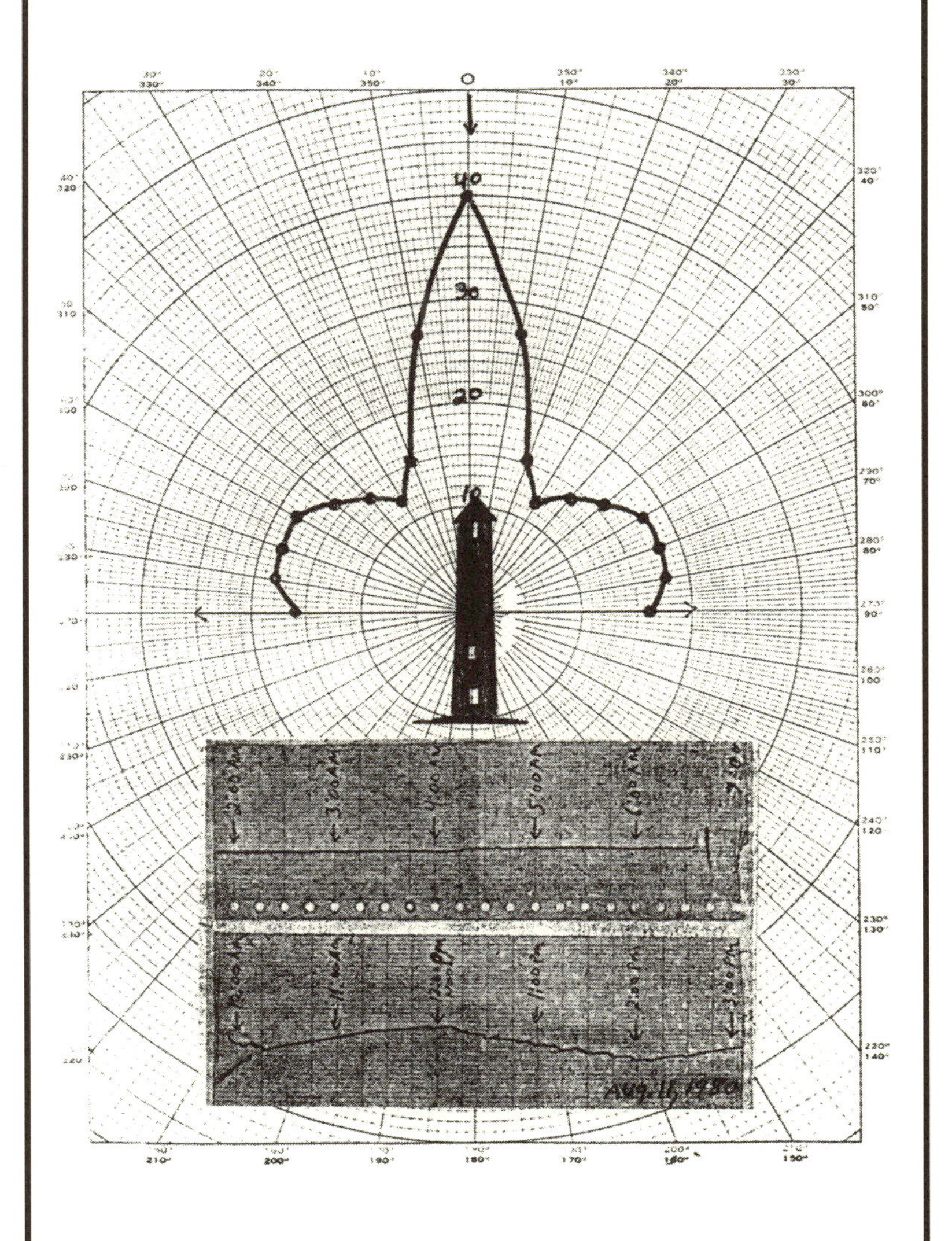

上のグラフは、センチメートル波が照射された模型を少しずつ回転させ、電位計に検出される最大値をプロットしていったもの。下のグラフは、夜間に信号はなく、日中は時刻に応じて信号の値が変化することを示している。（グラフ：Philip S. Callahan 著『Ancient Mysteries, Modern Visions』より）

いる。その結果、塔の西側に生える植物の生長が最も著しく促され、東側に生える植物の生長はほとんど影響を受けないか、又は鈍化することが判明している。そして、その影響範囲は、塔を中心とした円形や卵形でもなく、クローバーの葉のような形になることを突き止めている（アイルランドではラウンドタワーの北側に生える植物の生長が刺激されているが、この実験はフロリダのゲインズヴィルで9月中旬に実験されたもので、季節や緯度などの立地条件が異なることが反映した可能性がある）。

また、正確にその影響範囲を調べるため、キャラハン博士は、センチメートル波が照射された状態で、模型を少しずつ360度回転させて測定を行っている。そして、それぞれの角度においてエネルギーの最大値をプロットしていったのだ。その結果、無線アンテナにおいてはよく見られる形のようだが、クローバーの真ん中の葉を長く伸ばしたような形にエネルギーの増幅が周囲に及ぶことが判明した。

キャラハン博士は詳細を説明していないが、このような効果の主な源は、ラウンドタワーが受信・集積する電磁波・磁気エネルギーにあるものの、そのエネルギーが「水」に伝わり、植物はその「水」を介して影響を受けている側面が強いと筆者は考えている。例えば、磁石などを用いて適切な磁場に曝した水を与えると、植物や水生生物はその成長を加速させることが知られている。実は、ラウンドタワーも同様の現象を起こしていると言えるだろう。常磁性の岩石でできたラウンドタワーは、受信したエネルギーでその磁場を増幅させ、それが周囲の水、すなわち、大地に含まれる水におよび、その水を磁化・構造化させて、それを摂取する植物の生長を加速させるのである。

別の捉え方をすれば、水を張った水槽の底の栓を抜いて形成される渦流と同様に、ラウンドタワーに形成される渦流が周囲の空気中の水蒸気および地中の水分に影響をもたらし、その水に構造化をもたらすのである。そして、その水は周囲に拡散・浸透していく。

さらに、ラウンドタワーがシューマン共振に相当する極超長波（ＥＬＦ）を増幅させる事実も磁場の増強に一役買っていたと考えられる。

アイルランドは寒さの厳しい土地柄である。人々が生きていく上で、植物を豊かに生長させることは不可欠な条件である。もちろん、それはラウンドタワーがもたらす効果の一側面にすぎないと思われるが、少なくともそれにラウンドタワーは役立っていた。これは、星形の石塔が立つヒマラヤと同じと考えられる。

ここで、ヒマラヤの石塔とアイルランドのラウンドタワーの比較を行ってみよう。高さに関しては、両者ともに同程度であり、メートル波を対象とできる。また、ヒマラヤの石塔を構成

1014年に建造されたとされるコーク州ケネイに立つラウンドタワーは基部が六角形となっている。写真＝Womblewilly

する石に対しては、まだ磁性の測定が行われていないが、同様に常磁性であると思われる。内部構造もほぼ同じで、空洞の中に床で仕切られた階層が存在し、ともに梯子で昇り降りしていたと考えられている。

気になる違いは、断面の形状と言えるかもしれない。ラウンドタワーでは円形、ヒマラヤの石塔では星形など、縦に尖ったひだのついた形となっていた。但し、アイルランドのコーク州ケネイに１０１４年に建造されたとされるラウンドタワーは基部が六角形となっている。

実は、キャラハン博士は、昆虫の感覚子に縦筋が入ったものが多いことから、アンテナとしての受信感度への影響度を調べているのだが、その調査によると、縦筋が入った構造の方が受信感度が高まるという結果を得ていたのである。また、塔の天辺は円錐や角錐のように尖らせた方がさらに受信感度が高まることも確認している。

そのようなことを考えると、ヒマラヤの石塔には、受信感度を高めるような縦筋が入っている一方で、必ずしも天辺を尖った一点に収束させていないことが分かる。つまり、ヒマラヤの石塔建造者らは、見張り台としての実用性も残す反面、手間がかかろうとも、受信感度を高める縦筋の工夫は怠らなかったのだと推測できるかもしれない。だが、先端部分が円錐状になっていた石塔もあったようで、このあたりは今後さらに調査されるべき課題であると言えるだろう。

出入口が高所にあったのはなぜか？　その驚くべき合理性とは？

ところで、ヒマラヤの石塔と同様に、ラウンドタワーには、多くの研究者を悩ませた謎があった。それは、塔の側壁に存在する長方形の穴、すなわち、出入口が例外なく高さ数メートル（およそ2・7～4・5メートル）もの高所に存在していることである。また、塔内側の床（土面）が地面と同じ高さではなく、土が盛られて高さがまちまちであったことも謎とされた。

かつて正統派の考古学者たちは、高所に出入口があるのは、ヴァイキングに侵入されないための防衛策の一つだったと考えてきたが、現実にはほとんど有効性がなく、説得力に欠けるものだった。また、内部に土が盛られていた理由には、塔の強度を高める目的があったとも指摘されてきたが、塔の外部にも土を盛らない限り、有効とは言えないことは明らかだった。これらの状況はヒマラヤの石塔とまったく同じである。

１９４６年から１９４８年の3年間、キャラハン博士は日本に滞在し、３００kHzの帯域の通信局を設営していた。その際、時折アースとなる金網を地面より1・8〜3・0メートルほど高い場所に設ける必要があった。というのも、電波が地表からの反射波と干渉して、地表レベルにアースをとると指示電波が不安定になる場合があったからだ。

既に触れたように、キャラハン博士は、アイルランドのグレンダロッホにあるラウンドタワーでの測定においては、地面から3・2メートルの高さで最大の数値が得られていた。また、塔は常磁性の雲母片岩と花崗岩でできており、漆喰として、やはり常磁性の雄牛の血が使われていた。

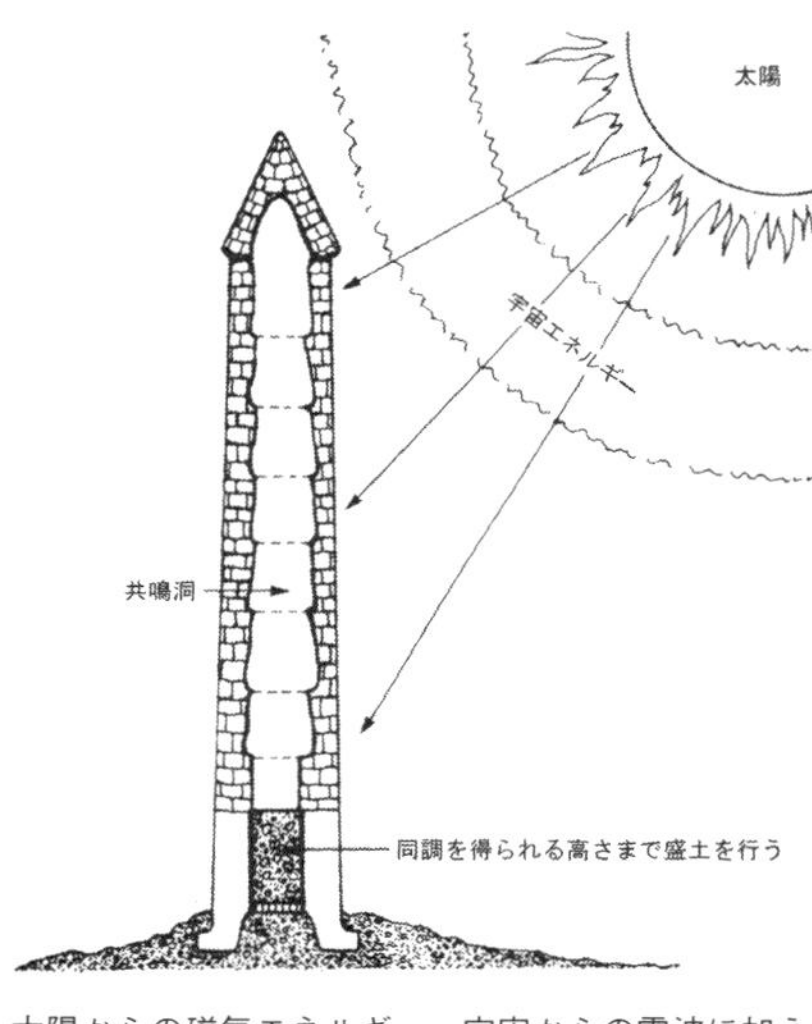

太陽からの磁気エネルギー、宇宙からの電波に加え、シューマン共振域、2000Hz域、雷の周波数域を受信

このような事実関係から、ラウンドタワーの出入口が高所に存在する根拠は、キャラハン博士にとっては、まったく明快かつ合理的なことで、そうでなければならなかった。電気工学技師たちがどんなに数学的に精密なアンテナを設計しようとも、計算通り十分な共振（共鳴）が生じることは稀で、到来する波長と一致させるためには、試行錯誤を繰り返しな

がら、アンテナの長さや角度を微調整する必要がある。

つまり、塔の建造者たちは、空からの放射エネルギー（波長）に石のアンテナを同調させるべく、出入口に近い高さまで、内部に土を盛っていくことで調整できたのである。これにより、もし出入口が低い場所に設けられていて、共振を得られる高さまで土を盛った場合、高所に改めて出入口を設けねばならない問題が回避されるのだった。

ラウンドタワーは、キャラハン博士の当初の予想通り、宇宙の星々から放射される宇宙からのエネルギー（電波）を受信するアンテナの役目だけでなく、磁気エネルギーも集積する役目を果たす、高度な知恵と技術の産物だったのである。そして、ヒマラヤの石塔においてもそれは同じだったのだ。

石塔には人間の潜在能力を増幅・開発する作用がある⁉

世界中の石造構造物を見渡してみると、実は昆虫の感覚子と似たような形状のものが多いことに気づく。アイルランドのラウンドタワーやヒマラヤの石塔ばかりではない。アジアには、ストゥーパやパゴダとも呼ばれる仏塔がたくさん存在する。また、四角錐構造のピラミッドやオベリスクも各地にある。何千年も前から人々は、宇宙から降り注ぐ特定波長の電磁波や、太陽からの磁気エネルギーを受け止める知恵と技術を世界中で共有していた可能性がある。

例えば、インドのデリーにあるクトゥブ・ミナールは１２００年頃に建造されたミナレット（塔）で、世界遺産となっている。昆虫の感覚子と似て、塔には波打った筋が縦に入っている。これは、アイルランドのラウンドタワーとヒマラヤの石塔を結び付けるものと言えるかもしれない。

１９４８年頃、キャラハン博士は友人と一緒にインドの平野をハイキングしていた。クトゥブ・ミナールの塔にたどり着いた時は、既にへとへとになっていた。だが、ミナレット（塔）の頂上まで登ってみると、まるで塔の波打った砂岩の内壁へと疲れが吸収されていくかのように、体が軽くなり、新たな活力が蘇ってきた。この感覚はラウンドタワーで静かに腰掛けた際に感じられるほどのものではなかったが、同じ種類のものだったという。

つまり、これらの塔は周囲の土地にエネルギーを注ぎ込むだけでなく、内部の人々にあ

インドのデリーにあるクトゥブ・ミナールは、1200年頃に建造されたミナレット（塔）で、世界遺産となっている。昆虫の感覚子と似て、塔には波打った筋が縦に入っている

る種のヒーリング効果や強壮作用すらもたらすことが考えられる。そして、それらは当時の人々の宗教心を大いに刺激したはずである。

そのようなことも考えられるためか、キャラハン博士は、ラウンドタワーを作り、使用した当時の修道僧らは、その床に腰掛け、小さな窓を通して夜空を眺めては、詠唱していたのではないかと想像を巡らしている。

因みに、筆者は、このような作用に加え、いわゆるテレパシーのような超能力的な意識の力など、我々人間が有する潜在能力を増幅・開発する作用をも得られたのではないかと推測する。

ピラミッドなど石塔構造には反重力を引き出す効果がある⁉

ただ、石塔のもたらす効果はそれだけではない。

エジプトのギザの大ピラミッドは、それ自体が石塔構造であると同時に、内部にさらに石塔構造を備えた特別な石造構造物である。内部にある王の間は、シンプルな長方形のアーチ状屋根（重量軽減の間）を備えており、高さ24メートルの5階建て石塔と捉えるのが相応しいほど、中国にある石造仏塔と酷似しているからである。そのサイズからも、アイルランドのラウンドタワーやヒマラヤの石塔を内部に抱え込んでいると言っても過言ではない。しかも、キャラハン博士が調査した数々の岩石の中で、最も常磁性が高かった桃色花崗岩がふんだんに使用されていたのである。

実は、キャラハン博士は、大ピラミッドには反重力効果があったのだという。そればかりか、エジプトの他のピラミッドも中米のピラミッドも、当時は聖職者たちを空中浮揚させうる巨大な反重力構造物であったというのである。

説明しておこう。大ピラミッドの石塔部分は、空洞部へ掛かる重量を分散させる役割を果たすことから、「重量軽減の間」と一般的には呼ばれているが、キャラハン博士の研究によれば、現実的にそれは反重力を生み出す材質と構造からなる。ピラミッドは、宇宙からのエネルギーを共振洞である石塔へと焦点を合わせる、巨大な「引き伸ばし機」の集光レンズのごとく作用する。言い換えれば、ピラミッドとは、常磁性の波をレンズのように重量軽減の間（石塔）へと焦点を合わせることが可能な巨大な常磁性アンテナなのだ。そして、のちに触れるが、赤外線を増幅する傾向を有する常磁性と、聖職者が呼吸で体内に取り込む酸素の常磁性を利用して、かつてピラミッドは人を空中浮揚させることができたというのだ。

元々ピラミッドは、頂上部分にも冠石（キャップストーン）が存在し、表面に石灰岩の化粧板が施され、現在のような段状ではなく、滑らかな側面を持った美しい四角錐であった。かつ

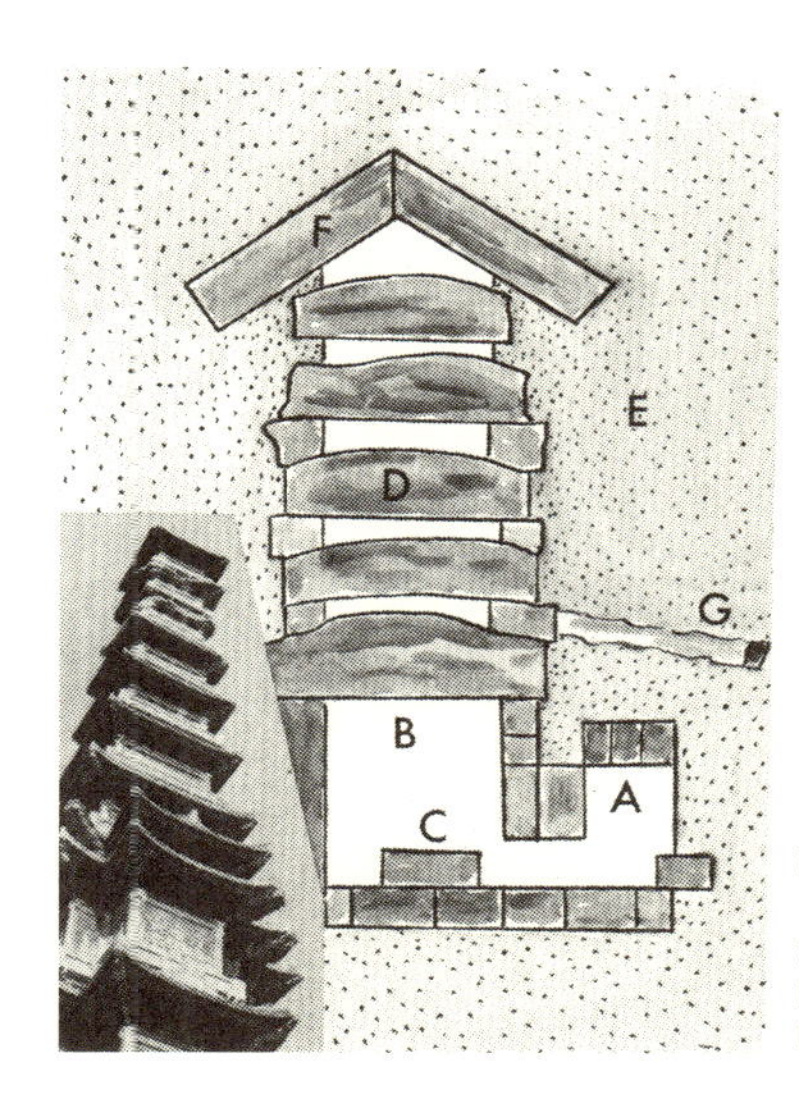

エジプトのギザにある大ピラミッドの内部には桃色花崗岩の塔（王の間）があるが、写真（左下）のように石造仏塔と似ている。A＝控えの間、B＝王の間、C＝石棺、D＝レンズ状石床、E＝ピラミッド本体、F＝石造仏塔の屋根、G＝職人のトンネル。（写真：Philip S. Callahan 著『Ancient Mysteries, Modern Visions』より）

ては、全体が白色に輝いていたと言われるが、表面を覆っていた化粧板が剝がされ、現在のような姿となってしまった。そのため、残念ながら今日ではもはや人を空中浮揚させることはできない……。

その仮説を支持するかのように、エジプトには、スフィンクスのような石のカウチに横たわったファラオを示すレリーフがいくつも存在する。続くレリーフには、身体を伸ばして横たわるファラオがカウチから6インチ浮揚し、その上に神聖なハヤブサが舞っているのが彫り込まれていることをキャラハン博士は指摘する。

ここで、天空と太陽の神「ホルス」はハヤブサをモデルとしており、ファラオはホルスの化身であることを思い出しておきたい。そ

アシナガバチの触角にはピラミッド状の感覚子と筋の入ったラウンドタワー状の感覚子が存在する。（写真：Philip S. Callahan 著『Ancient Mysteries, Modern Visions』より）

して、ハヤブサは、空中の一点に滞空できる、数少ない大型の鳥であることにキャラハン博士は注目するのだ。ハヤブサは天と地の間で浮揚する存在なのだ。

一方、古代エジプトではコガネムシが神聖な昆虫と見なされていたが、神殿の壁にもっとも多く描かれている昆虫はアシナガバチである。そこで、キャラハン博士はアシナガバチの触角を調べてみたところ、驚くべきことに、ピラミッドと波打ったラウンドタワーが感覚子として立っていたのである。既に触れたように、ラウンドタワーは側面が平面的なものよりも、垂直に筋が入っている方がアンテナとして感度が高い。そして、トゲとはやや異なる形状のピラミッドもアンテナとして良好に機能し、空を飛ぶアシナガバチもピラミッドを利用していたのである。

だが、歴史が刻まれたレリーフや神話、さらに昆虫の感覚子を確認する程度でキャラハン博士は満足しない。彼は、実際にラウンドタワー検知器を大ピラミッドの王の間に持ち込んで実地検証を行ったのである。ラウンドタワー検知器とは、既に紹介したラウンドタワーの小型模型を紐で吊るしたものである。表面には常磁性の素焼き粘土の粉末が塗(まぶ)されていて、磁石に引き寄せられる（もちろん、素焼き粘土自体は磁石に反応しないが、特別な形状になると常磁性の性質を発揮して反応するようになる）。

　このラウンドタワー検知器はとても便利なもので、例えば、地上のどこであろうとも、人体のオーラ場に対して横向きに反応する。いわゆるツボから電磁気的なエネルギーが放出されているため、ラウンドタワー検知器はそんな場所に敏感に反応するのである。

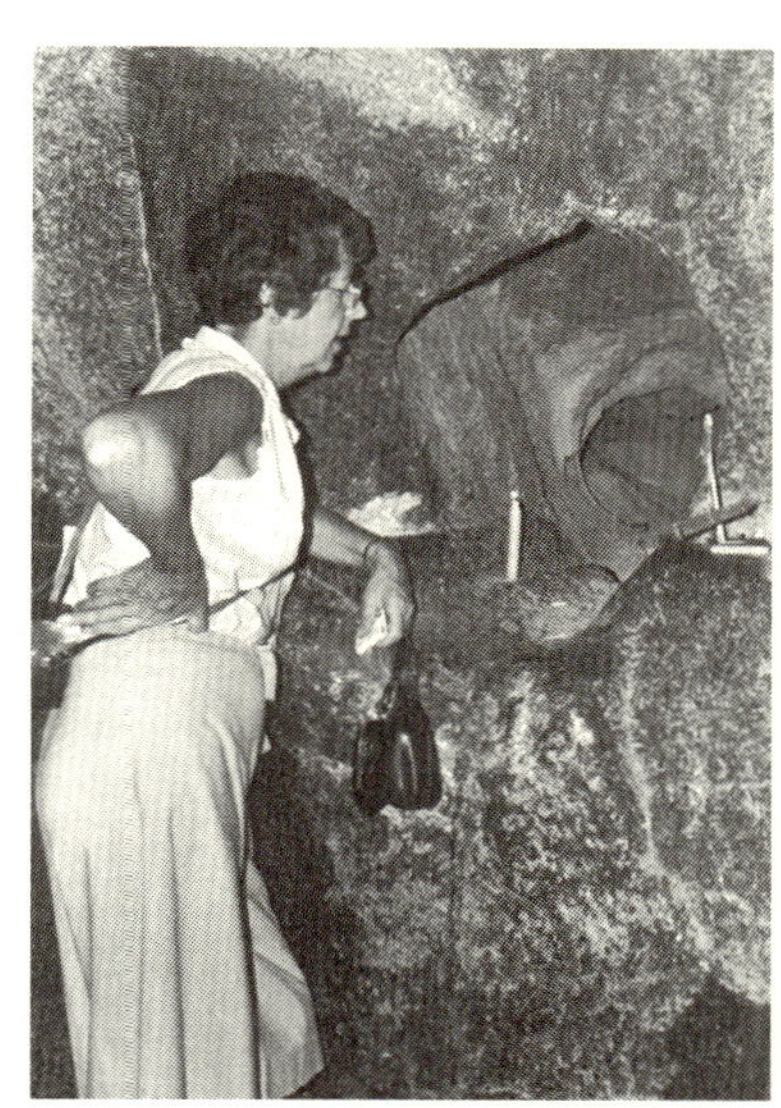

激しく反応するラウンドタワー検知器の前に立つキャラハン夫人。ロウソクの炎は垂直に昇っており、内部に風はない。（写真：Philip S. Callahan 著『Ancient Mysteries, Modern Visions』より）

　キャラハン博士の自宅（フロリダ州ゲインズヴィル）で計測した場合、ラウンドタワー検知器が弧を描く角度は60〜70度であった。だが、大ピラミッドの王の間においては、驚いたことに、人が近づく度に最大で30度を超える弧を描いて反応しただけでなく、上下に激しく揺れた（空中浮揚）のである。この感度は、博士が自宅で行った場合と比較して5倍〜10倍に相当する。部分的に破壊されてしまった大ピラミッドであるが、今なお神秘的な反重力エネルギーは力を弱めながらも残されていたのだ。

そのため、常磁性の酸素を吸うヒトが、王の間において静かに瞑想（呼吸）を行えば、空中浮揚を体験することができたという結論に至るのだった。

人間と自然界は電磁気アンテナとしてこの世に創造されている

キャラハン博士は、昆虫学者になる前、無線技術者として日本にしばらく滞在したことがある。その間、各地を訪れ、自然に触れながら、歴史ある神社仏閣等を散策した。そして、神聖な木立に囲まれた藁葺（わらぶ）き屋根の神社において深い平安を感じた。樹木、岩、土壌に関心を持ってアイルランドをはじめとするヨーロッパ諸国を旅してきたキャラハン博士にとっては、石造構造物は人に活力を与えるのに対し、木造神社や周囲の樹木はリラックス感を与える新鮮なものだった。

キャラハン博士によると、このような感覚の違いは、これまで触れてきた常磁性と反磁性に関連している。反磁性の木造神社や周囲の樹木は人々を平静・平安に導き、常磁性の石造構造物は活力を与え、疲労を克服させる。これは、地質的に相異なるダブリンよりもベルファストの方が、またフロリダよりもニューヨークの方が、さらにはベトナム南部よりもベトナム北部の方がエネルギッシュな人々が多いことも説明しているようにも思われた。中国の言葉を借りれば、女性性の「陰」と男性性の「陽」を象徴している。

常磁性が人に与える影響を最も強く感じられるのが標高の高い山である。山は高くなれば、森林限界や植物限界があり、山頂付近には自ずと石だらけとなる。多くは火山性の岩石で、常磁性を示す。山は自然と円錐状（時にピラミッド状やレンズ状）を形成し、天然のアンテナとして機能する。そのため、高い山は極めて高い常磁性を示し、太陽からの磁気エネルギーを効率的に吸収する。つまり、そのような山は、自ずと聖山となるのだ。

人は聖山において、高い常磁性に触れ、高エネルギーを浴びて、高揚感を得る。登山家たちが体感する、いわゆる「クライマーズ・ハイ」である。偉大なイギリスの登山家ジョー・ブラウンは、登山家らは死に対する恐怖を抱いており、その恐怖がスポーツ・マインドを刺激するのだと主張した。エベレストで命を落とした登山家ジョージ・リー・マロリー（1886－1924）は、登山したがる理由を問われて、「そこに山があるからだ」と答えた。

だが、キャラハン博士によると、岩石のエネルギーを自らの身体に吸収して、自己のエネルギー・レベルを高めることが疲れを克服させるだけでなく、脳へ至福の感覚を与えるのだという。

その背景を現象面で捉えると、常磁性物質が赤外線にもたらす作用とも関わっていそうである。あらゆる物質は温度を有しており、赤外線を発している。いわゆるオーラに手をかざして得られる感覚は、温かいものに手をかざして得られる感覚と似て、その多くは、赤外線に依存していると考えられる。キャラハン博士によると、特別な形状にした常磁性物質は、シューマン共振に代表される極超長波（ELF）だけでなく、生物が発する赤外帯域由来のフォトン波をも増幅するというのだ。これは、先述のポップ博士の発見、すなわち、健康体から発せられるコヒーレントなフォトン放射を増強することに対応しそうである。

さらに、人間は高度に常磁性の酸素を吸うため、常磁性体であるが、2本の足で直立歩行する特別な動物である。そのため、地上に「立つ」ことで人間はアンテナとしても機能し、見えないエネルギーを授けられている。本書では詳述しないが、キャラハン博士によると、ヒトは磁気のS極と電気の負極を帯びたエネルギーを体内に自然に取り込んでおり、ある特定の人々は、そのエネルギーの受信及び放出の能力に優れている。そのような人々が俗にヒーラーと呼ばれるのだとキャラハン博士は説明する。

地上の様々な生物を見渡すと、どれも効率的に宇宙からのエネルギーを受信できるような機能を備えている。それは昆虫の触角に限ったことではない。例えば、人間の目をカメラにたとえると、角膜は単焦点レンズ、瞳孔は絞り、水晶体は可変焦点レンズ、網膜はフィルムに相当する。これらのレンズは、狭い帯域ではあるが、可視光線を受信するアンテナと言え、人間はそれらを様々な彩りとともに「見る」ことができる。昆虫は複眼レンズというアンテナの目を持つことで、闇の中でも紫外線を受信して「見る」ことができる。

受信エネルギーの種類は異なるが、植物もアンテナとして機能し、太陽から電磁波（光）の恩恵をこうむっている。人間を含めた動物は常磁性アンテナとしてこの世に創造されている。また、岩石のような無生物であってもアンテナとなりうる。つまり、形あるものは、特定のエネルギーを選択的に受信していると言える。

だが、それに気づき、使いこなすことに関しては、古代人の方が現代人よりも優れていたのではないか？　それに気づかせてくれたのが、昆虫学者のキャラハン博士であった。そう考えると、今後の課題は、まずは我々自身が「外の世界」＝「自然」と同調している現実に気づき、万物が有する同調特性を利用して自然の力を引き出すことにあるのではないだろうか。

さて、キャラハン博士の徹底的な調査と研究から、ラウンドタワーがメートル波長の電磁波や磁気エネルギーを捉えるアンテナであったことが示された。この点は、天空からのエネルギーが塔の外表面を伝わって大地に注ぎ込まれ、周囲の植物の生長にプラスの影響をもたらして

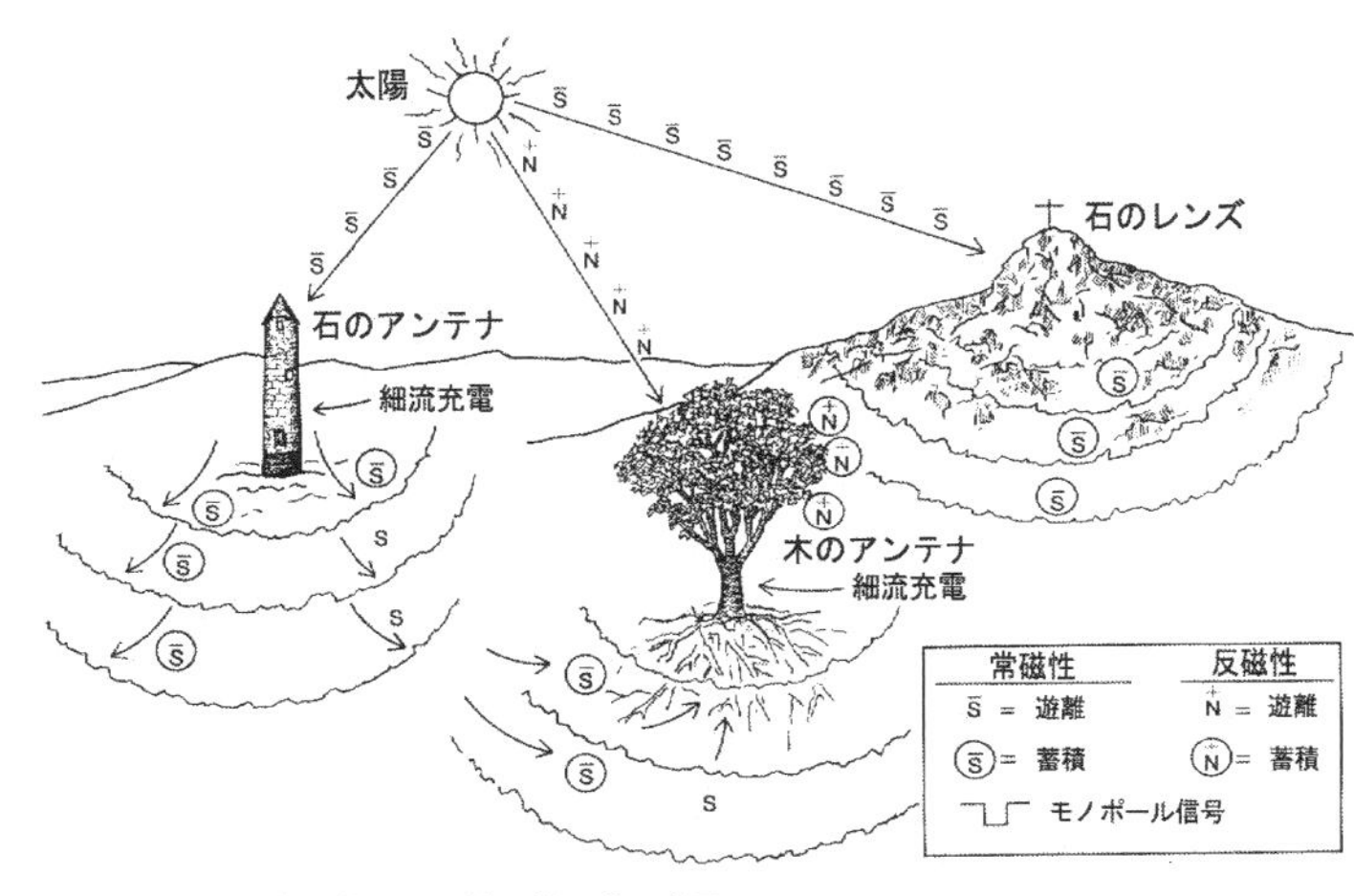

ラウンドタワーと常磁性／反磁性が織り成す世界
（図：Philip S. Callahan 著『Ancient Mysteries, Modern Visions』より）

いることから、比較的分かりやすいと言えるだろう。だが、不明確な部分もあった。その一つは、ラウンドタワーにおいて、ターゲット波や横モードが観測されたこと、すなわち、その意味である。のちに改めて論じることになるが、通常、横波である電磁波がパイプ状の物体に入射すると、例外的に横モードが発生すると考えられている。確かに、いわゆる光ファイバーや導波管はその現象を起こすことが知られており、それは事実と考えられる。だが、ラウンドタワーで観測された横モードやターゲット波は、すべてが本当にそんな現象の結果だったのだろうか？　また、もう一つのエネルギーの流れとして、足元からやってくる波動が塔内部を昇って頂上先端部から外部に発せられる方向性もあるように思われる。筆者にはどうもこれらの点が引っかかってならなかった。次章では、その謎に関わる事例を追究していくことにしたい。

※ラウンドタワー及びキャラハン博士の研究の詳細は、ケイ・ミズモリの近著（仮題）『昆虫学者が解く［巨石文明の超科学］の謎』（ヒカルランド）《『宇宙エネルギーがここに隠されていた』（徳間書店）の増補新装改訂版》を参照頂きたい。

【未来超科学編】

Project 6

反重力テクノロジーと波動科学の新たな扉を開け！

——「未知の波動」の解明と活用が地球人類進化の鍵

傾斜ベッド療法と樹液の循環システムはなぜ注目されているのか？

近年、注目されつつある健康法にＩＢＴ（Inclined Bed Therapy）、すなわち傾斜ベッド療法がある。機械工学を専門とするイギリスのアンドルー・フレッチャー氏が１９９０年代半ばに開発したものである。必要なものは、コンクリートブロック、レンガ、材木、電話帳など。丈夫で厚みのあるものなら何でも構わない。ＩＢＴは、頭が高くなるようにベッドの脚を持ち上げ、傾斜させて寝るだけの健康法である。

だが、その効果は絶大で、循環器や呼吸器の病気をはじめ、糖尿病、アルツハイマー病、パーキンソン病、多発性硬化症（ＭＳ）、脊髄損傷、脳性小児まひ、静脈瘤（りゅう）、慢性静脈不全、下腿潰瘍、乾癬（かんせん）、不整脈、不眠症、偏頭痛、浮腫、頻尿など、様々な病気が改善するという。

１９９７年の国際フェアで注目を浴びるようになったＩＢＴは、２０００年、健康改善に大きな効果をもたらす健康法としてイギリスのテレビニュースでも報道された。その中で、背部損傷でほとんど足を動かせなくなり、10年間の車いす生活を余儀なくされてきた男性が登場し、ＩＢＴを試してみると、まもなく立ち上がれるようになり、歩行訓練を始めつつあるという事例が紹介された。

フレッチャー氏がＩＢＴを開発したきっかけは、樹木における水の循環に関心を抱いたことに遡る。彼は、背の高い樹木がいかに水を根から葉へと持ち上げるのかという一方向だけではなく、下に降ろしていく方向も含めた「循環」に注目した。

植物の細胞は細胞液で満たされていて、それを覆う細胞膜は半透膜となっている。水や小さな物質は通すが、大きな物質は通さない。細胞液の濃度が高いと、外部から水を吸収しようとし、濃度が低いと、外部へと水を放出させる。

植物は葉から水分を蒸発（蒸散）させるため、葉において細胞液は濃縮される。そのため、細胞液の濃度を下げようと外部（例えば、枝の方向）から水を吸い上げようとする。一方で、根における細胞液は濃度が最も低くなっているが、それでも、土壌中の水よりは濃度が高く、やはり浸透圧の原理で水を吸収していく。つまり、根、幹、枝、葉という順番で、高い位置に存在する細胞液ほど濃度が高くなっていき、それによって水を吸い上げるポンプ機能が生まれているというのが一般的な解釈である。尚、幹や枝においては、毛細管現象や水の凝集力、分かりやすく言えば、水分子同士が引っ張り合う表面張力も関係している。

健康状態に関与!? 体液の循環で浮かび上がる重力の存在

だが、フレッチャー氏は、そのような解釈に加えて、重力の効果も寄与しているのではないかと考えた。つまり、葉において細胞液の濃度が高くなるということは、細胞液の密度が高まり、最も高まった地点からは重力で下向きに落ちていく効果が加わる。その際、水の凝集力が後続の水を引っ張ることになる。下向きに流れる細胞液は上向きに流れる細胞液よりも常に濃厚となっていて、根において土壌から吸収する水で再び薄められる。このように、重力は他の作用を助け、循環を促すと考えたのだ。

フレッチャー氏はこれを人体に当ててはめてみた。

例えば、肺循環において、心臓から出た血液は肺の毛細血管に入り込み、呼吸で二酸化炭素を放出し、酸素を取り込むと同時に、水分も蒸発させるのではなかろうか。それで、血液は肺を通る際に濃縮される。また、体循環においては、例えば、腎臓に流れ込む動脈血は、静脈に出ていく静脈血よりも濃厚になっている。そこに重力の効果が加わって、心臓のポンプ機能を助けているのではなかろうかというのだ。

我々が垂直に立ち続けている場合、重力は血液の循環を妨げる傾向はある。この点に関しては、脚が疲労するだけでなく、浮腫んでくるなどの症状からも、理解しやすいだろう。だが、水平に寝続けても、我々の健康維持は難しい。寝たままでは体を動かすことはできず、食事においても消化に問題を及ぼすだけではない。

例えば、NASAでは宇宙飛行士を訓練したり、健康状態の変化を調べるために、ヒトを横に寝かせて、頭の位置を上下させるなど、様々な実験を行ってきた。そして、頭を下げるだけでなく、体を水平に維持するだけでも、退化的な変化が起こることを確認している。長期間床に臥せってしまうと、なかなか病気から回復できない現実からも想像がつくように、体を横にした状態が維持されると、我々は健康を害するのである。

そこで、フレッチャー氏は傾斜ベッドというアイディアに導かれたわけだが、いったい、どのぐらいの傾斜が適しているのだろうか？

フレッチャー氏は実験を行っている。水を満たしたループ状の管（チューブ）を傾斜ベッドに置いて、いかに循環するかを観察したのである。管の接合部分を高い頭の位置に合わせ、そこに着色した食塩水を注いだ。イギリスのスタンダード・ダブルベットの頭側を10センチ持ち上げると、食塩水はループの片側を下向きにチューブの底に沿って流れた。真水は同じ側でその上を流れた。すなわち、一つの管の中で二方向の流れが生み出されたのだ。頭側を12・5センチ持ち上げると、完全に1周する循環が生まれた。そして、最善は傾斜角5度を生み出す15

センチ持ち上げた時だった。実際に体験してもらうと、その角度においては、静脈瘤が4週間で消えるなど、循環にポジティブな変化を確認できたのだ。

フレッチャー氏の考察に異論のある専門家もいるだろうが、こんな実験結果があるとなると、重力がもたらす影響は無視できないようにも思われる。もし、我々が地球とは重力の異なる惑星で暮らしていれば、理想的なベッド傾斜角は違ったものになるのかもしれない。

古代エジプト人は傾斜ベッドを愛用・実践していた？

ところで、古代エジプトのファラオたちは、傾斜ベッドを愛用していた。それは、彼らの墓で発見されたベッドから窺い知れ、博物館でも確認できる。それらのベッドを見ると、船底型に曲線を描いているものもあり、傾斜角の計測は難しい。だが、頭の方が高くなっており、低い足の方には体がずり落ちるのを防止するガードが付いていることがわかる。

フレッチャー氏は、古代エジプト人は健康のために傾斜ベッドを使用していたに違いないと確信した。そして、ボストン美術館の学芸員に収蔵品である古代エジプトのベッドの傾斜角を測るように頼んだ。そして、分かったのは、頭側がなんと15センチ持ち上げられていたことであった。

写真：http://www.touregypt.net/featurestories/furniture.htm

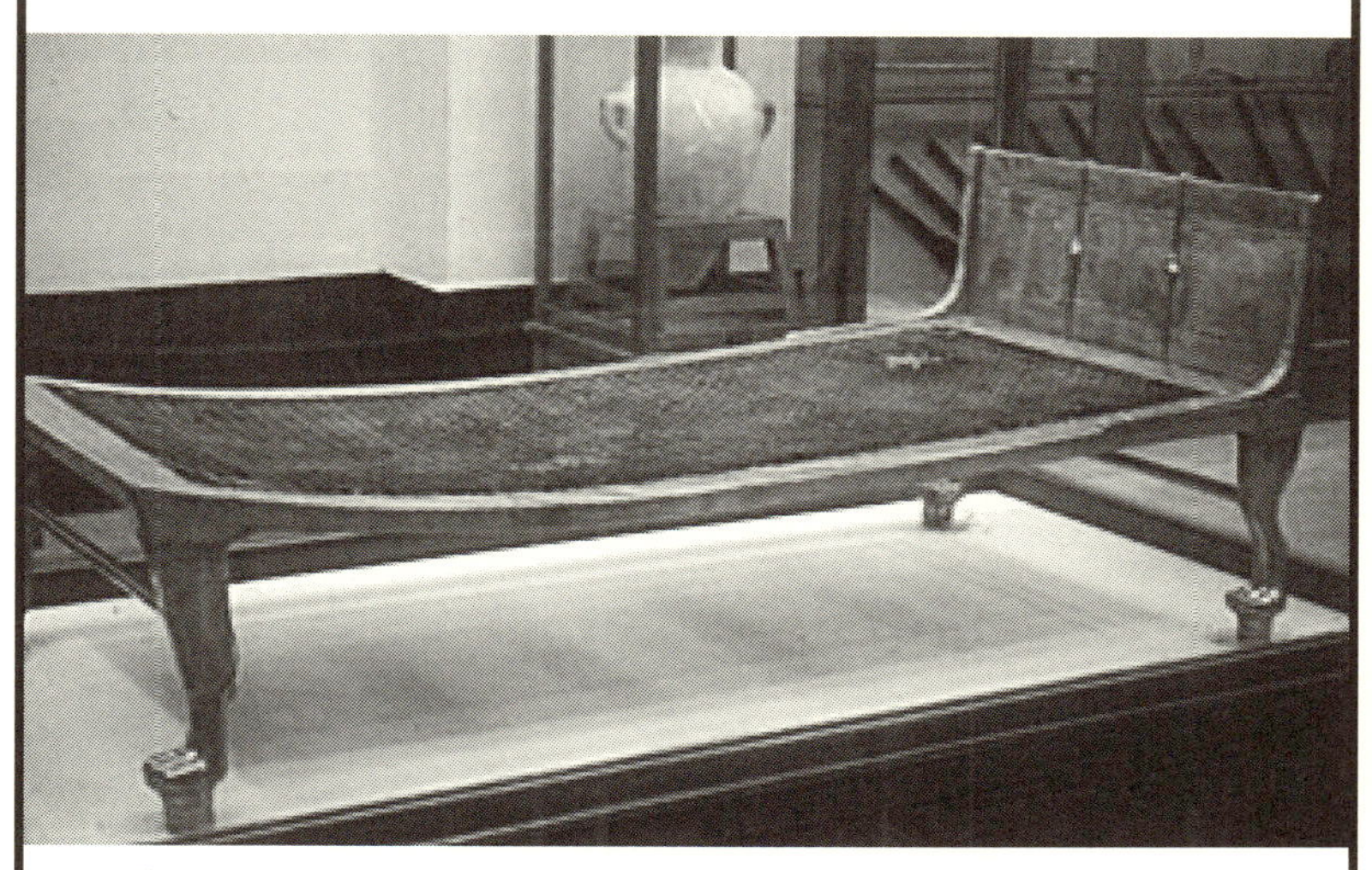

ツタンカーメンのベッド
写真：http://www.bbc.co.uk/history/ancient/egyptians/tutankhamun_gallery_03.shtml

ここで、病院や一般家庭においても、二つ折り、又は三つ折りの構造で、上体を起こせるベッドが普及しているではないかと思われる読者もいるだろう。確かに、それらのベッドにおいては、上体を起こせるメリットがいくらか得られる可能性はあるものの、IBTにはまったく及ばないとフレッチャー氏は言う。下半身を含めた全身が適度に傾いて初めて全身での循環が起こるからだというのだ。他にも、ベッド全体が傾斜していれば、寝返りを打てるだけでなく、床ずれを起こさないメリットもある。

さて、肝心の利用にあたり、唯一難しい問題がある。それは、体がずり落ちてきてしまうことである。滑らないシーツを利用して、足元に滑り止めを作るなど、いくらか工夫を要するかもしれない。また、慣れるまでの2週間程度は、ずり落ちないように無意識に体を動かすことで、むしろ筋肉痛や肩こりを起こすこともありうるという。

そして、多くの人々が体験する変化は、排尿が促されることである。IBTを始めると、より多くの老廃物が血液から取り除かれるようになり、尿は濃くなるという。そして、水分が多く排出されるため、水分補給はこれまで以上に求められるようになるとされる。

また、理学療法士、栄養士、そしてトラウマ解放セラピストのケン・ウゼル氏によると、奇しくも感情的なトラウマが3～4週間で解放されるようになり、健康面で改善がみられるよう

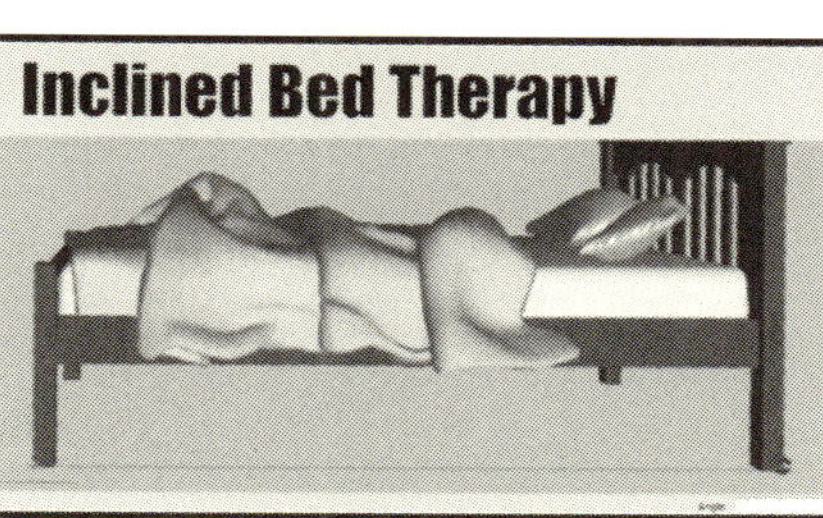

IBT（傾斜ベッド療法）

にもなるという。

フレッチャー氏の調査によると、概してIBTで睡眠をとる人々は1分間で心拍数を10～12回、呼吸の回数を4～5回減らすが、循環は増すという。そして、20年以上研究を行ってきた経験から、IBTは循環、代謝、免疫力を高めるがために、様々な病気や怪我の回復に幅広く効くのだとフレッチャー氏は考えている。

さて、このIBTであるが、筆者は健康への効果よりも、5度という傾斜において、チューブ（管）の中の食塩水が循環したことに注目した。それは、3度でも4度でも6度でもなく、5度で最も効果が得られたという。なぜ5度なのか？　どうやらそれは重力に対抗する作用を引き出すことに関わっているようなのである。

実は、筆者が反重力効果に関連して5度という数字に出会ったのはこれが初めてではない。

世紀の大発見か!?　新たな波動のW波は光速も超える？

植物が互いのコミュニケーションに利用する波動について研究し、大きな発見をした人物が

オーヴィン・E・ワグナー博士。1968年にテネシー大学で博士号を取得。カリフォルニア州立工科大学で物理学を教えていた経験があるが、現在は地元の大学関係者から支援を得て、自身の研究所で研究を続けている

いる。米オレゴン州の物理学者オーヴィン・E・ワグナー博士である。1988年の初め頃、樹木における樹液の流れを研究していた際、ワグナー博士は偶然にもその「波動」を捉えることに成功した。木の幹の様々な場所で電圧（電位差）を測定してみたところ、奇しくもその値は一定しておらず、まるで定常波を形成するような周期的な変動が発見されたのである。それは、電磁波の影響は受けるものの、電磁波とは異なり、電荷の変化を伴う、速度の遅い縦波の波動であった。植物同士の遠隔コミュニケーションにも利用されるその波動は、切ったばかりの生の木（wood）を調べていた時に発見したことから、ワグナー博士はW波（W-wave）と名付けた。

W波はたくさんの固有の周波数を持っていて、それらは弱い電磁シグナルでのビートや、低周波スペクトルアナライザーによって直接的に計測されうる。W波の電荷密度は周期的に変化し、その値は1ボルトに及ぶ。電荷は固体物質中でも自由に移動可能で、それを調べることで固体中の波動の伝播を確認することができる。W波の速度は、植物の内部を伝わる際には96セ

ンチ／秒、空気中を伝わる際には480センチ／秒であった。だが、興味深いことに、速度は常に一定とは限らず、植物内部においても高速になりえ、その際は96センチ／秒の整数倍となる。そして、適切な条件下では、光速をも超える速度になりうるとワグナー博士は言う。

また、W波は、植物内部や植物間はもちろん、多孔質の物質を満たす塩水や、多孔質の物質を取り巻く空間を含め、あらゆる場所で発見された。さらに、アルミの箱に入れた植物を地下300メートルの鉱床に置いても、地上でW波が観測できることから、W波（を伝える媒質）の物質貫通能力はずば抜けていることが分かる。既知の放射線と比較すれば、ガンマ線やX線を超え、比肩できるものは中性子線ぐらいである。

ワグナー博士によると、植物の細胞や節間の間隔などの基本的な構造はこのW波によって形成・維持されているが、それだけでなく、あらゆる生物の構造にも言え、マクロな世界に目を向けてみれば、この太陽系を含め、宇宙の構造ですら、同じW波によって生み出されているという。また、上空の雲が生み出す模様や砂丘に現れる模様のいくらかも、W波で説明される可能性があるという。

つまり、W波は、電磁波や音波以上に重要な、新たな波動だと言えるのかもしれない。

W波の特徴は重力に大きな影響を受けること

W波の注目すべき特徴は、重力に大きく影響を受けることである。

ワグナー博士は、ハンの木、カエデ、ベイマツなど、様々な木々（若木）において、太さ1～2センチで、50センチ以上同じ角度を維持する枝を選び、それらの枝が伸びる角度を調べている。すると、奇しくも木々はほぼ5度刻みの角度、すなわち、5の整数倍の角度で枝を生やしていたことを発見したのである。その誤差はわずかで、例えば、ハンの木の場合、調べた337本の枝のうち89％は5の整数倍の角度から1度以内に収まっていた。

ワグナー博士によると、植物が枝を伸ばす角度にはW波が大きく関与している。言い換えれば、植物内でのW波の進行速度が垂直方向と水平方向とで異なることが重力屈性を生み出している。重力屈性とは、根が下に伸びて茎が上に伸びるというように、植物が重力に反応してその伸長方向を変化させることである。重力が存在しない場合、植物は参照すべき基準を失い、様々な角度で枝を生やし、細胞の形は丸くなりさえする。

植物は重力に応じて変化するW波を利用しているようである。通常、植物内では、W波の速

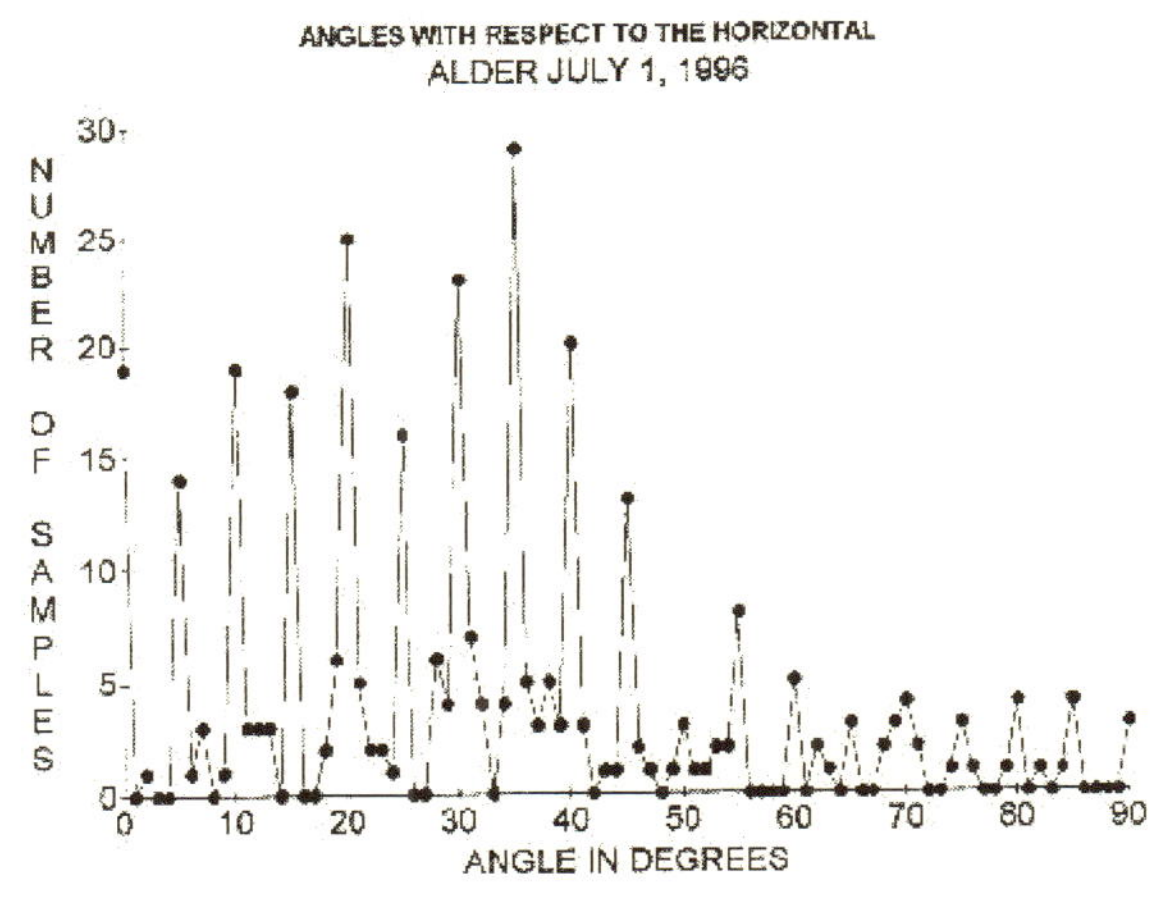

ハンの木の枝が5度刻みの角度で生えていることを示すグラフ

度は垂直方向に進む方が水平方向に進む方よりも速い。例えば、斜めに進む場合はその中間の速度となる。これは「細胞の長さ」や「節間の間隔」（特に葉と枝の間）に影響をもたらし、垂直方向の伸びは水平方向と比較して3倍に及ぶという。

植物は明らかに重力に逆らう方向に強く生長する。ワグナー博士は、垂直な幹に小さな穴を開け、そこに加速度計を埋め込み、重力場の変化を測定してみた。すると、驚いたことに、樹液が流れる際に幹内の重力は最大22％減少することを発見したのである。

通常、樹木が根から葉先まで水（樹液）を吸い上げるにあたり、既に触れたように、浸透圧、葉の蒸散作用、毛細管現象、水自体が持つ凝集力などが利用されており、他の作用は知られていない。だが、ワグナー博士の発見により、樹木は、樹液の流れを促すとともに、垂直方向への生長を促すために、W波を利用した何らかの方法で重力を軽減する力を生み出していたことが分かる。

W波が生み出す定常波が重力を軽減させる鍵?

ワグナー博士の考えでは、重力を減少させて樹液の吸い上げを助ける原理の背後には、W波が生み出す定常波の特質がある。

ここで、定常波とは、波長・周波数・振幅・速さが同じで進行方向が互いに逆向きの2つの波が重なり合うことによってできる、波形が進行せずその場に止まって振動しているようにみえる波動のことである。音波で定常波を発生させると、重力に対抗しうる力を生み出すことが可能で、それは音波浮揚として知られている。

例えば、次ページの図のように、トランスデューサと呼ばれる送波器を底に置き、その上に反射板を設置する。トランスデューサから超音波を発して、反射板を設置する高さを調整して定常波を発生させる。そして、定常波の節に相当する部分(中心軸上で空気圧変化が大きい場所)に小さな物体を持っていくと、空中浮揚させることができるのだ。

因みに、トランスデューサから発せられる超音波は縦波（疎密波）だが、上図では分かりやすくするために横波として描かれている。

このように、音波浮揚においては、定常波の節が形成される空間のある部分に小さな物体を載せることができるが、これこそ、植物が有する重力低減現象と関わっているのだとワグナー博士は考えている。通常、音波浮揚では、向き合わせる音源を含めた装置全体を固定しているため、物体を持ち上げることができても、それ以上、移動させることはできない。しかし、装置をそっくり動かせば、物体を静止（浮揚）状態から、上昇させることも可能となる。

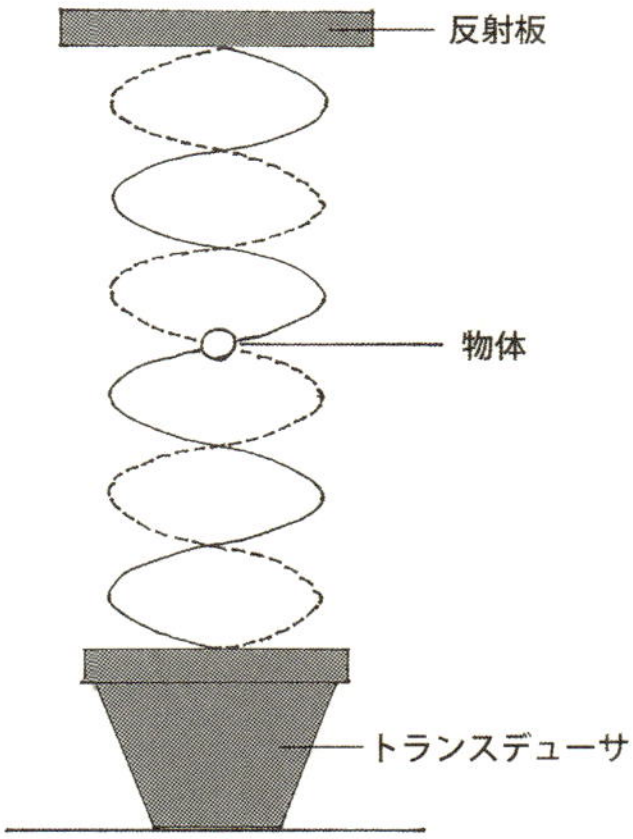

反射板
物体
トランスデューサ

音波浮揚の概念図

これを、装置全体を動かすことなく行う方法がある。真空管を用いた実験においては、静止した定常波だけでなく、動く定常波をも生み出すことが可能である。ワグナー博士は、特別な音源を使用して、定常波を思い通りに動かせることを確認した。そして、植物も、これと同じようにW波を制御して、定常波の節に小さな物体を浮かせる静的な「音波浮揚」の原理を、樹液に動的に応用しているのだと考えている。その結果、重力が減少するというのである。

W波は宇宙をデザインする役割も担っていた⁉

本来、定常波の形成には、一つではなく、二つの波動ソースの存在が前提条件となる。つまり、植物が一方的に波動を発しているだけでは、定常波に特有の節の部分など形成されることはない。何らかの抵抗となるような波動を生み出す「波動源」とその波動を伝える「媒質」に出合うことが必要である。

それらは何なのか？　のちに説明するが、前者は太陽であると考えられる。では、後者は何なのか？　先に触れたように、W波はあらゆるものを貫通して伝わる。ワグナー博士によると、W波の媒質とは、これまで謎とされてきたダークマター（暗黒物質）に違いないというのだ。

宇宙に存在するほとんどの物質を貫通すると考えられるダークマターは、いわば真空中の媒質であり、微小な粒子又はエーテルのような存在である。ダークマターはわずかな質量をもつため、その重量がこの宇宙全体の90％をも占めるとかつては考えられてきた（現在では27％程度とされる）。太陽の周りの真空とされる宇宙空間もダークマターで満たされている。

太陽が発する波動が、このダークマターに当たることで、抵抗が生み出される。そこで、この反対方向の圧力（波動）との間に定常波が生じて、太陽系の各惑星は「節」が形成されるべき場所に配置されているという。ワグナー博士の説明を筆者流に翻訳すれば、ダークマターとは、水圧や気圧のように全方位的に作用する水や空気と似て、空間に充満していくと同時に物質に浸透していく波動に相当し、太陽からの波動と干渉するということになるだろうか。

これは、理科の学習において、定常波を視覚的に把握するために利用される「クントの実験」から想像できると思われる。コルクや発泡スチロールの微小片を満たした透明チューブの両端から、周波数（波長）の同じ音波を向かい合わせて発するものである。すると、反復する波形（節および腹）が形成されるのが見て取れる。これは、可動性のある粒子が一定の間隔で集まってくる結果でもあるのだ。

ワグナー博士によると、例えば、太陽系の惑星の配置は次の式で表される。

R［太陽から惑星までの距離］＝R_0［太陽半径］×$e^{0.625N}$

※Nは7（水星）から15（冥王星）までの整数

この式で、太陽を木星や土星に置き換えれば、それぞれの衛星に対しても適用される。

ドイツの物理学者アウグスト・クント（1839－1894）

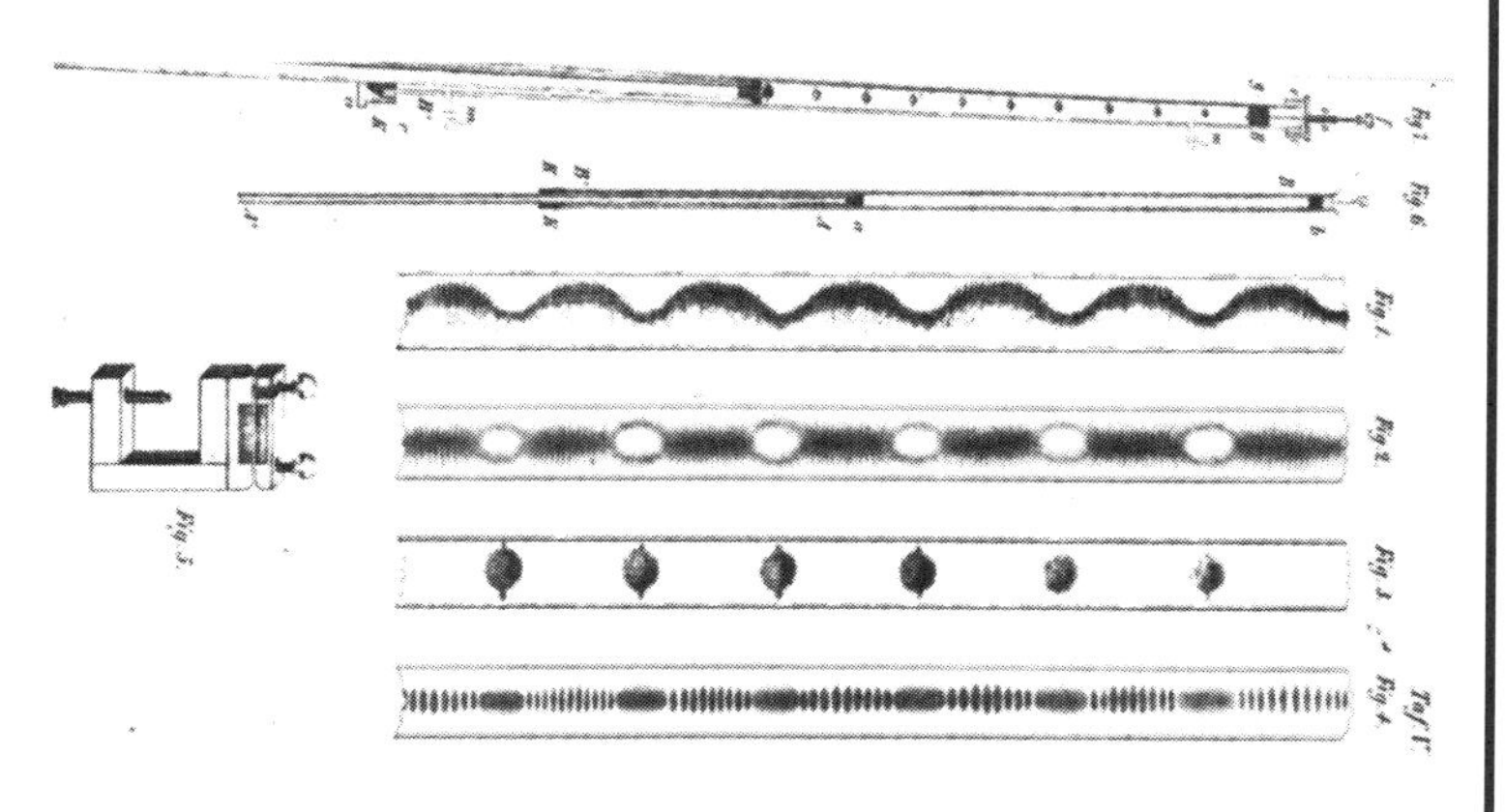

アウグスト・クントが1866年にクント管内に定常波が発生している様子を描いたスケッチ

但し、この式の実際の精度に関しては、水星と金星に対してはほぼ正確であるが、他の惑星ではやや誤差が大きくなる。これは、理想的な円軌道を前提としたもので、実際には様々な要因で惑星軌道は乱され、現状、楕円軌道が形成されていることに起因し、必ずしも正確には一致しないようである。

ここで、お気づきの読者もおられると思うが、この式は指数関数であり、遠ざかるほど距離間隔（定常波の節の間隔）が広がっていくことになる。

だが、ワグナー博士の考えでは、これは決して矛盾するわけではない。太陽から離れるほど、質量を有したダークマターの密度が減少し、音波同様に密度の平方根に反比例するW波の伝播速度は増すと考えられるからである。それによって、定常波の節の間隔、すなわち、惑星配置の間隔も広がっていくというのだ。

惑星	太陽から各惑星までの距離(km)	計算に基づいた太陽から各惑星までの距離(km)	N (整数)
水星	5.79×10^{7}	5.80×10^{7}	7
金星	1.08×10^{8}	1.08×10^{8}	8
地球	1.50×10^{8}	2.02×10^{8}	9
火星	2.28×10^{8}	初期の余剰物質の影響？	
ケレス	4.14×10^{8}	3.78×10^{8}	10
木星	7.78×10^{8}	7.06×10^{8}	11
土星	1.43×10^{9}	1.32×10^{9}	12
天王星	2.87×10^{9}	2.47×10^{9}	13
海王星	4.50×10^{9}	4.61×10^{9}	14
冥王星	5.90×10^{9}	8.61×10^{9}	15

太陽半径　695,893kmを利用してワグナー博士の式で太陽から各惑星までの距離を求め、実際の距離と比較した表

W波にみられる不思議な特性についての考察

ワグナー博士はW波の存在を様々な形で示してきたが、残念ながら、アカデミズムの世界ではW波に関心をもって検証しようとする動きはなく、その存在は広く認められていない。まだまだ謎の多い波動である。

W波は、植物だけに利用されているわけではない。先に触れたように、多孔質の物質を満たす塩水（イオン）や、多孔質の物質を取り巻く空間を含め、あらゆる場所で発見されている。また、既に触れたように、W波の主な発信源は太陽であると考えられている。

W波をどのように捉えるべきか、分かりやすく言えば、我々が太陽から発せられる電磁波と同じ電磁波の一部を利用して、無線通信に役立てているように、植物は太陽から発せられるW波を自身の生長や互いのコミュニケーションに利用しているということになるだろう。

ワグナー博士の考えでは、W波は、太陽黒点サイクルを生み出す、太陽内部でゆっくりと伝わる波の振動に起因する。その波動が約11年かけて太陽の半径に相当する距離を伝わる。そう考えれば、その速度はほぼ96センチ／秒に相当し、塩水で満たされた木材サンプルや植物内部を伝わるW波の速度と一致するのである。そして、ダークマターとの電磁気的な相互作用によ

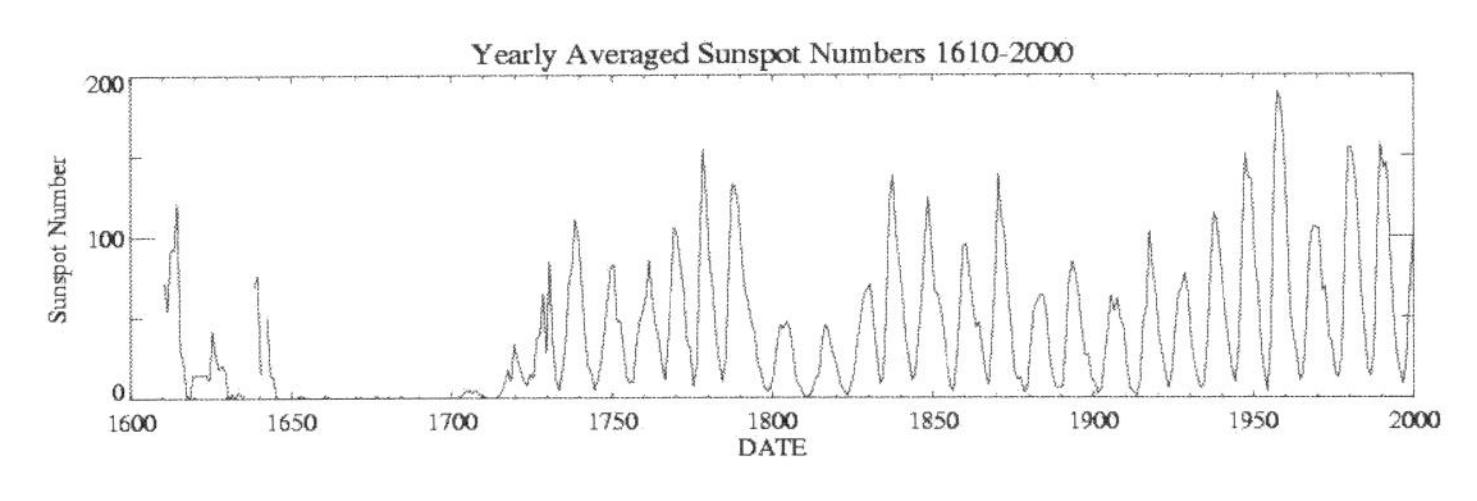

過去の太陽黒点数の変位。約11年ごとに増減を繰り返す（太陽黒点サイクル）

ってW波は生み出される。

但し、励起されたW波の周波数は、電磁気的なソースよりも媒質によって特徴付けられる。生きた植物のようなある種の物質は、W波の導波管（電磁波の伝送に用いられる円形または方形の断面を持つ金属製の管）になり、それゆえに検出されるというのだ。

例えば、道管や師管は典型的なパイプ状構造物だが、細胞・組織が上下方向に連なる構造のいくらかも導波管になりうると同時に、アンテナになるとも言えるだろう。アンテナとしての性格も備えるために、W波を受信すると同時に、それを利用して送信する（定常波を生成する）ことにも役立て、自身の細胞のサイズや形など、基本的な構造の決定と生長に役立てているのだと考えられるだろう。

ワグナー博士は研究所において、60Hz、26kHz、400kHz、1270kHzの他、様々な電磁気的なソースをテストしてみたが、電磁気的に励起されるモードは、電磁気的な励振周波数とは関係

【未来超科学編】

していなかった。W波は他のエネルギー形態によって励起されるようだったという。

それと関連するかどうかは分からないが、地下300メートルにおいた植物から発せられるW波を地上で観測した際、通常地上で観測される代表的な周波数、すなわち、1・6Hzの整数倍の他、0・6Hzや2・67Hzの整数倍が認められたという。

やや脱線したかもしれないが、5度という角度は、重力に対して、効率的に対抗しうる特別なものである可能性がある。詳細は不明だが、地球（又は植物基部）が発する波動と上空から浴びる波動（太陽からの波動）によって生じる干渉模様の交差部分を、ある一点から放射状に直線で結んだ場合、定常波の節となるような部分が5度刻みに現れるのだろうか。おそらく、導波管となりうるチューブ状の物体が、電磁波の横モード化をもたらすだけでなく、縦波を捉えて定常波を生み出し、それが通常の重力を減じる効果に寄与していると思われる。つまり、植物は障害物を避けながらも根を地下に広げ伸ばすように、枝も重力が減じる抜け道に沿って広げ伸ばしている可能性がある。

そして、もう一つ。道管と師管という特別な構造物の中を樹液が流れること自体に、実は反重力効果の秘密がある。これが加わることで、植物の反重力特性が決定づけられるものと筆者は考えているが、本書のテーマから逸れると同時に、多くの説明を要するため、またの機会に触れることにしたい。但し、拙著『ついに反重力の謎が解けた！』（ヒカルランド）において展開した人体空中浮揚に対する考察部分を思い出していただければ、同様の法則が適用されると考えて、想像がつくものと思われる。

幻影現象の背後にある縦波・パルス波の空間振動について

また、角度だけでなく、方向に関しても興味深いことが言える。

W波は東西方向で検出されやすいのである。ワグナー博士は、風の影響を防ぐため、水を半分だけ入れた容器内に熱いパラフィンを吸わせた木くずや発泡スチレンを浮かべてみたところ、東西方向に自然に定常波の節が発生するのを発見した。つまり、水面上を漂うそれらの微小片（浮遊物）が縞模様を生み出すように一定の間隔で集まってきたのである。（尚、30ワット／400kHzの6L6真空管に発泡スチレンやプラスチックビーズのような粒子を使った実験においては、9センチ間隔の輪が形成された。節間9センチは26・7Hzに対する半波長であり、速度480㎝／秒を示した。）

このような現象は、地球の自転と関わっているように思われる。太陽から放射されるW波を地球は常時受け止めているが、自転と合わせた東西方向であれば、特に日の出や日没時、追い風や向かい風が強くなるように、垂直方向に優勢なW波の影響を強く受けやすくなる。（場所や時間帯による変動は不明ではあるが）その結果、定常波が発生し、周期的な疎密の変動が電荷の変化として検出されやすくなるのだろうか？

同時に、W波は空間のポイント（領域）を振動させることに関わっている。本書では取り上げなかったが、拙著『ついに反重力の謎が解けた！』（ヒカルランド）で触れた空中浮揚に関わる振動も、対象となる物体自体の振動だけでなく、その空間の振動も同時に起こる（例、グレベニコフ博士が発見した空洞構造効果）。それは幻影現象（ファントム効果）を伴うことから見えてくる。

幻影現象（ファントム効果）の一つに幻葉現象がある。幻葉現象は、摘んだばかりの葉の一部を切り取ってキルリアン写真を撮ると、切られて無くなっているはずの部分にも発光現象がみられるものである。また、幻影現象として、近年ではDNAファントム効果が有名である。

1984年、ロシアの科学者ピーター・ガリエフ博士は、フォトン（光子）が存在する真空の容器内にヒトのDNAサンプルを入れて、フォトンの振る舞いを位置を測定することで確認した。当初、フォトンは容器内に無秩序に分散していたが、興味深いことに、ヒトのDNAサンプルが入れられると、光子はDNAに引き寄せられ、その螺旋に沿って整列していくのが観測されたのだ。これは、二重螺旋構造のDNAが光を引き寄せること、言い換えれば、小規模な重力を生み出すものとみなされた。

さらに興味深かったのは、ＤＮＡサンプルが容器から取り出されても、フォトンはそのまま螺旋状に整列して容器内に残ったことだった。これがＤＮＡファントム効果である。

尚、ガリエフ博士は残されたフォトンを液体窒素のガスで吹き飛ばしてみたが、ものの数分ですべてのフォトンが再び現れてきた。そして、フォトンを半永久的に追い払うのに成功したのは、これを30日間続けた時であった。

実は、「死の伝送」実験を行ったカズナチェエフ博士も不思議な現象を目の当たりにしていた。それは、遠隔による「死の伝送」が2～4時間ほど遅れて現れたことである。

通常の電磁波（紫外線）であれば、光速で伝わるため、まったく時間差は発生しないはずである。何かフォトン・電磁波の移動（伝播）に影響をもたらす要因が他にあるのだろうか？

このような幻影現象の背後には、物体を深いレベルから振動させるのに必要な、空間自体の振動に有効な特別な形が存在すると述べておくのが適切だと思われる。

我々が存在するこの空間には地表のレイライン同様に、いわば静止座標が張り巡らされている。ある空間のポイントをひとたび振動させることに成功すると、しばらくそのポイントは振動を続ける。その静止座標には、質量を有するダークマターのような素粒子が留まっている。

それは通常の電磁波や物理的な刺激で動かすことは難しいが、特別な素材・形状の物体を利用したり、方向を調整することで縦波の定常波（又はパルス波）として共鳴振動させることができる。なぜなら、筆者の考えでは、その素粒子は、クントの実験で使用される微小粒子のように、定常波の生成によって空間に秩序だって集まっては配置し、疎密波の集中に曝されることで振動させられるからである（それを静止座標と言い換えることもできる）。また、特別な素材と形状の物体を通じて、空間の振動が始まるのは、定常波の影響を十分に受けて、大きく安定的かつ周期的な振動が確立されてからであり、いくらか時間を要する。これが、ファントム現象に伴うタイムラグの原因と思われる。

そして、空間を振動させるだけの定常波を生み出しうるのが、円筒形、角錐形、円錐形、球形などである。先に触れたように、通常、導波管や光ファイバーのように、円筒形の物体内に電磁波が入射した場合、内壁で反射・屈折を繰り返し、横波の電磁波が縦波化とまでは言わなくとも、横モードと呼ばれるパルス波のような波動として検出されることが起こりうる。もちろん、パルス波とは、我々が一般的に知る太陽光（電磁波）のように持続的に発し続けるものではない。点滅する蛍の光やパルサーの光のように断続的なもので、自然界では極めて少なく、主に人工的なオンオフを繰り返すことで得られるような波動である。

だが、電磁波がパルス化された波動（横モード）とW波のように初めから存在する疎密波を区別して考える必要性があるように思われる……。

未解決の光音響効果と未知の波動の存在に目を向けよう！

おそらく、この認識は重要なことである。例えば、炭のような多孔質の物質は赤外線や可視光線等の断続波（パルス波）を受けると、表面付近の空気が温められ、膨張するとともに冷却収縮し、疎密波、すなわち、超音波を発生させる（光音響効果）。そして、それに刺激された一部の菌類が増殖し、最終的には植物の生長に寄与するとされている。これは、東京大学の名誉教授松橋通生（みちお）博士が遠藤桂博士とともに１９９８年に記した論文で知られるようになったことである。だが、不思議なことに、多くの日本人はこの現象と分析結果に疑問を抱くことなく、鵜呑（うの）みにしている傾向がある。

そもそもこのような現象（光音響効果）が起こる前提は、あくまでもパルス波が存在する場合に限られる。我々の知る通常の電磁波では起こらない。分かりやすい例で説明すれば、１秒間に３万回点滅するライトを物体に照射すると、１秒間に３万回その物体が温められ、３万Hzの周波数で空気を振動させる（音波を発生させる）のである。つまり、炭のような多孔質の物体が通常の横波の電磁波をパルス波に変換するか、初めからパルス波を受けた場合に発生する現象なのである。

前者の横モードは、筒状の物体が電磁波の入射を受けて、いわばパルス化した波動であるため、炭の表面に空いた穴の形状が相応しければ、その生成を起こせるだろう。具体的には、入射した波動が、筒状の穴の内壁において反射・屈折を繰り返し、横モード（パルス）化した波動が飛び出してきた際に、付近の空気を温め、膨張と収縮を起こし、超音波（疎密波）への変換が起こる可能性である。

だが、この場合でも難点がある。相応しい形状・素材の筒形ができるだけ垂直に立ち、口を開いて波動の入射を受け入れるなど、有利な条件が求められると思われるからである。例えば、土の中に埋められた炭は、赤外線の影響は受けるが、可視光線には遮られる。光音響効果の例外として、黒い炭素や透明なガラスの場合、超音波を発しないことが知られている。暗闇の中、赤外線は黒いものに吸収される傾向があるが、ガラスを完全に透過するわけではない。また、炭など、金属製のパイプ型導波管とは異なる天然素材において、どの程度安定的に超音波を発し得るのか、季節や時間帯による変動も含め、未知の部分もある。

筆者は、通常の電磁波がパルス化したものとは別に、もともと存在する縦波を導波管のような構造物が受信することがあるのではないかと推測している。つまり、これまで未知とされてきた縦波波動が、電磁波のパルス化現象の陰に隠されてきた可能性である。ひょっとすると、それはこれまで詳細が追究されてこなかったド・ブロイ波なのかもしれないが、そんな未知の縦波波動の一つがW波と言えるのではなかろうか。

キャラハン博士も、パルス変換された横モードとは微妙に異なる縦波をラウンドタワーで捉えていたが、なぜかその違いには注目せず、電磁波の横モード変換と見なしてしまった節がある。

筒状物体の端に栓がされていれば、電磁波は内部に入り込んで反射・屈折を繰り返すことは難しい。だが、ラウンドタワーのように、上は円錐形、下は地面で覆われた密閉型の導波管であっても、あらゆるものを貫通しうるW波であれば支障はない。

通常であれば、W波は何でも貫通するため、ラウンドタワーですら貫通するはずなのだが、素材と形状の魔力によって、その一部を取り込むことができるのだ。

これは、網戸が風を通すようなものである。大半を透過させることはできるのだが、網戸のように、秩序だった格子状の平面を形成していれば、網戸自体が風圧を受け、それが秩序だって揺れることで波動を検出（受信）できるのである。もちろん、その網戸とは、常磁性の岩石でできたラウンドタワー、仏塔、ピラミッドなどに相当する。形や厚みなど、一定にして作り上げることで、はじめて定常波に典型的な周期性を得て、対象のパルス波を検出できるのである。

実のところ、炭がもたらす光音響効果について、松橋博士は、原因となる波動のことを「赤外線、可視光線等の電磁波である可能性が高い」とだけ述べていた。なぜなら、確定的な証拠を得ることができなかったからである。特に、場所や時間帯等によって結果が大きく変化し、再現性のある結果を出すことが極めて困難だったことも付記している。テーブル上の培地を10センチずらすだけでも結果が変化したという。もし、通常の横波の電磁波だけが横モード化して超音波の生成が得られていれば、このような結果にならなかったはずである。だが、現実には、通常の電磁波ではない、天然のW波のような疎密波が関与するために、このムラが生じるものと考えられる。もちろん、その疎密波は、自転に関連して、緯度や時間帯によって変化するだけでなく、「5度の奇跡」が発現するように、空間の特別なポイント（領域）を振動させるためである。

例えば、ピラミッドパワーで包丁の切れ味を高められることが知られているが、利用するピラミッドは方角を合わせて配置し、内部に置く包丁も東西方向に合わせる必要があるという。方向や角度への配慮は極めて重要なのである。

また、生きた太陽が振れ幅を多様に変化させながら11年周期で黒点活動を展開するように、天然の縦波（疎密波）は、常に一定とは限らない。そこで、炭素に影響を及ぼす、気まぐれな波動源のことを、松橋博士は「天の声」と呼んでいた。現在の科学者たちは、残念ながら、既成の波動以外をまったく想定していないため、起こる現象の原因を究明できていない。説明できない部分があっても、大半を説明できればそれで良しとしてしまう。論文を発表した研究者は慎重に言葉を選び、尚も解明されるべき謎が多いことを認めていたにもかかわらず、それを読んだ知識人たちはその意味することをきちんと理解することなく、確固たるメカニズムが解明されたのだと早合点してしまう。このように、受け取る側に問題がある限り、科学の肝心の部分はなかなか発展していかない。

炭のような多孔質物質の周囲の空間では、赤外線のような電磁波が生み出す「場」だけでなく、入射したW波と反射を繰り返して出てきた微量のW波が干渉して、複雑な定常波を生み出し、場を振動させている可能性がある。また、それだけでなく、重力にも影響をもたらしうる微弱な磁気シェルターが形成されていることも無視できないと筆者は考えている。ラコフスキーが銅線によるループアンテナ兼磁気シールド効果でガンに冒された植物を健康に生長させたように、振動が得られる磁気シェルター空間を好む生物は決して少なくない。多孔質物質にある種の微生物が集まってきたり、六角形の筒状構造物の内部で蜂の子が快適に成長できるのも無関係ではないだろう。

我々の知らぬ縦波波動に関しては、ワグナー博士以前に、発明家のヒエロニムス夫妻も研究してきた経緯があり、参考にすると、さらに詳細が見えてくる。ここでは、本書のテーマから逸れるため、これ以上追究しないが、古代の賢人たちはそんな波動に関心を持ち、受信を行う術を確立していたものと筆者は考えている。

本書を通じて、様々な謎を取り上げてきたが、いずれもある種の波動の干渉に関わっている。これらの謎が詳細に解明されるとき、ようやく地球人類の未来が開かれる。但し、生物が有する特別な能力は、ほとんどの場合、生きた状態、かつ健康的な状態で発揮される。その健康的な状態の背後に、愛情と同調が求められることも忘れてはならないだろう。

参考文献

"America's First Zombie Experiments!" Weird Lectures.
"Littlefield and the Artificial Creation of Life" by Charles Edward Tingley. Scientific American (30 September 1905) p263.
"Sound Techniques for Tuning your Health" by Sharry Edwards.
"Researchers Reveal How Specific Wavelengths of Light Can Heal, Kill Bacteria". University of Wisconsin-Milwaukee.
"Are Humans Really Beings Of Light?" by Dan Eden.
"The Real Bioinformatics Revolution" by Dr. Mae-Wan Ho.
"Speculations about Bystander and Biophotons" by Charles L. Sanders.
"The Secret of Life" by Georges Lakhovsky.
"The Star-shaped Towers of the Tribal Corridor of Southwest China" by Frederique Darragon.
"Towers To The Heavens" by Dana Thomas.
Philip S. Callahan, Ph.D., "Tuning In To Nature"（邦題『自然界の調律』）, 1975.

Philip S. Callahan, Ph.D., "Ancient Mysteries, Modern Visions", 1984.

Philip S. Callahan, Ph.D., "Nature's Silent Music", 1992.

Philip S. Callahan, Ph.D., "Exploring The Spectrum", 1994.

Philip S. Callahan, Ph.D., "Paramagnetism", 1995.

"Inclined Bed Therapy: A New Angle On Health" by Jenny Hawke

Inclined Bed Therapy (http://inclinedbedtherapy.com/)

Wagner Research Laboratory (http://darkmatterwaves.com/)

『炭素の生物作用―炭素の波動から細胞音波へ』（松橋通生、遠藤 桂）

ケイ・ミズモリ著『底なしの闇の［癌ビジネス］』（ヒカルランド）

ケイ・ミズモリ著『宇宙エネルギーがここに隠されていた』（徳間書店）

ケイ・ミズモリ著『超不都合な科学的真実』（徳間書店）

ケイ・ミズモリ著『【闇権力】は世紀の大発見をこうして握り潰す』（ヒカルランド）

水守 啓　ケイ・ミズモリ

「自然との同調」を手掛かりに神秘現象の解明に取り組むナチュラリスト、サイエンスライター、代替科学研究家。現在は、千葉県房総半島の里山で自然と触れ合う中、研究・執筆・講演活動等を行っている。

著書に『ついに反重力の謎が解けた！』、『底なしの闇の［癌ビジネス］』（ヒカルランド）、『超不都合な科学的真実』、『超不都合な科学的真実［長寿の秘密／失われた古代文明］編』、『宇宙エネルギーがここに隠されていた』（徳間書店）、『リバース・スピーチ』（学研マーケティング）、『聖蛙の使者 KEROMI との対話』（明窓出版）などがある。

Homepage: http://www.keimizumori.com/

E-mail: mizumori@keimizumori.com

神楽坂♥(ハート)散歩
ヒカルランドパーク

『世界を変えてしまうマッドサイエンティストたちの【すごい発見】』出版記念セミナー開催！

講師：ケイ・ミズモリ

「既存の科学」はもう限界、その行き詰まりをどう脱して、素晴らしい未来に変えていくか！　大転換の鍵は、マッドサイエンティストや古代人たちが体現してきた《突き抜けた叡智》にあります。自然の奥義にもかなった彼らの創造力・行動力によって、人体の蘇生、ガン消滅やフリーエネルギーなどの実現がすぐ目の前まで来ていることを本書でも紹介しましたが、セミナーではさらに反重力に関わる貴重な未公開情報など新動向を解説していきます。これまで不可能とされてきたことが、実は思いもよらないアプローチ方法で世界に芽吹いている状況を共有することで、刷り込まれた既存の常識を取り払い、新たな意識とマインドに向かう刺激を受け取ることになります。代替科学の研究者ケイ・ミズモリによる自然に秘められた最新の叡智の数々をぜひ聴きにいらしてください。皆様のご参加をお待ちしています。主な内容：生命誕生に関わる磁気力、水が取り込む磁気力の謎／古代人が造形物に未知エネルギー利用へのヒントを残していた!?／特別な形が引き出す神秘的な力／動植物の体に秘められた反重力／振動による圧力変化で物体の性質は変わる!?／反重力の鍵は低圧空間と磁気流にある!?（※内容は変更となる場合がございますこと、ご了承下さい。）

日時：2018年９月15日（土）　開場12：30　開演13：00　終了15：30
料金：6,000円　会場＆申し込み：ヒカルランドパーク

ヒカルランドパーク
JR 飯田橋駅東口または地下鉄 B1出口（徒歩10分弱）
住所：東京都新宿区津久戸町3－11 飯田橋 TH1ビル 7F
電話：03－5225－2671（平日10時－17時）
メール：info@hikarulandpark.jp
URL：http://hikarulandpark.jp/
Twitter アカウント：@hikarulandpark
ホームページからもチケット予約＆購入できます。

世界を変えてしまう
マッドサイエンティストたちの【すごい発見】

第一刷　２０１８年６月30日

著者　ケイ・ミズモリ

発行人　石井健資

発行所　株式会社ヒカルランド
〒１６２-０８２１　東京都新宿区津久戸町３-11　ＴＨ１ビル６Ｆ
電話　０３-６２６５-０８５２　ファックス　０３-６２６５-０８５３
http://www.hikaruland.co.jp　info@hikaruland.co.jp

振替　００１８０-８-４９６５８７

本文・カバー・製本　中央精版印刷株式会社

ＤＴＰ　株式会社キャップス

編集担当　溝口立太

ISBN978-4-86471-649-9

ヒカルランド　好評既刊！

地上の星☆ヒカルランド　銀河より届く愛と叡智の宅配便

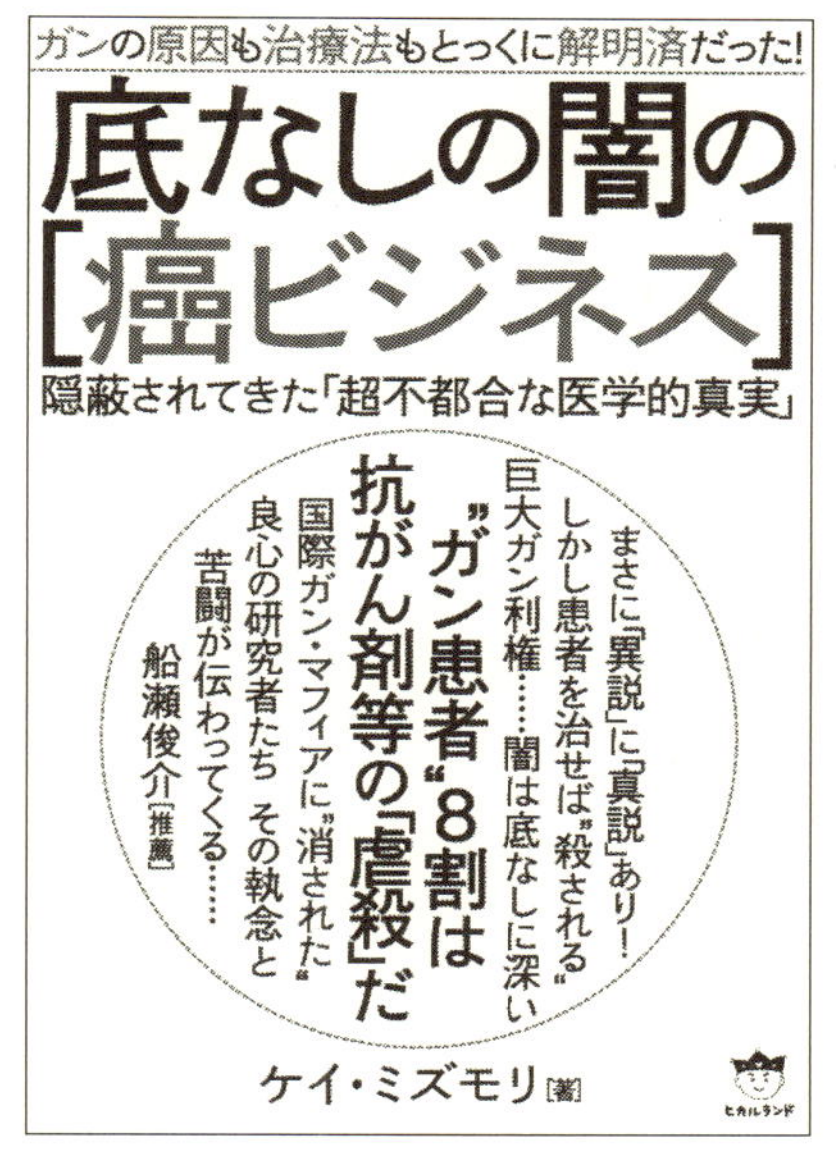

ガンの原因も治療法もとっくに解明済だった！
底なしの闇の［癌ビジネス］
隠蔽されてきた「超不都合な医学的真実」
著者：ケイ・ミズモリ
四六ソフト　本体1,611円+税

船瀬俊介氏激賞！　「国際ガン・マフィアに消された良心の研究者たち、その執念と苦闘が伝わってくる」癌は人間が感染症から身を守るための正常な免疫反応である。それを「外科×化学×放射線療法」で取り除こうとするのは、かえって自然治癒力を落とすだけ。医者と製薬会社が結託したガン利権にとって、最も困るのはシンプルで安価で効果的な治療法である。潰されかけてもなお、海外で評判を呼ぶ最新の癌対策のすべてを紹介。あなたがガンに侵された時、選択すべき治療法がここにある！　◎ウィルス・細菌・真菌を別個に注目し、ガンは遺伝子変異が原因という医学の大誤解！　◎人間は抗生物質によって、たしかに「細菌」による感染症から救われた。しかし体内微生物のバランスを崩し真菌が蔓延。ガンを招く結果となった！

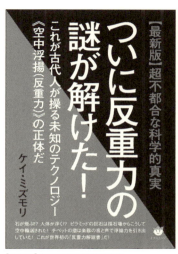

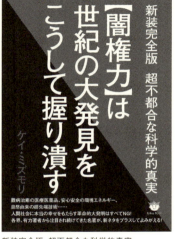

を理想的に向上させます。体内の環境を整えて、本来の生命力の働きを高めます。疲れ、むくみ、おなか、お肌が気になる方にご活用ください。

- 含有マグネシウムが電解質のバランスをとってエネルギー代謝を調整し、疲労回復の手助けとなります。
- 体内神経系の働きをあるべき状態にして精神的な安定を促します。
- タンパク質の合成を助け筋肉機能を促進します。
- 骨格と歯の健康を維持させる働きを発揮します。
- 適切な細胞分裂のプロセスをサポートします。

【ハイパートニックとアイソトニックの違い】

ハイパートニックは、海水と同じ濃度（3.3%）で、主にミネラルの栄養補給として使われてきました。アイソトニックは、海水を珪素がふんだんに含まれた湧き水で生理食塩水と同じ濃度（0.9%）で希釈したものです。主に、注射や服用など薬品として利用されてきました。（木村一相歯学博士談）

【キントン水ご利用方法】

キントン水は、アイソトニック、ハイパートニックともに、１箱にアンプル（10㎖/本）が30本入っています。ご利用の際は、以下の指示に従ってください。

①ガラス製アンプルの両先端を、付属の円形のリムーバーではさみ、ひねるようにして折り、本体から外します。
②両端の一方を外し終えたら、本体を容器の上に持ってきた上で、逆さにして、もう一方の先端を外し中身が流れ出るようにしてご利用ください。

※開封後は速やかにご利用ください。アンプル先端でケガをしないよう必ずリムーバーを使用して外すようにお願いいたします。
※30本入り１箱は基本的にお一人様１か月分となりますが、用途などに応じてご利用ください。ご利用の目安としては１～４本程度／日となります。
※当製品は栄養補助食品であり、医薬品ではありませんので、適用量は明確に定められているものではありません。
※ミネラル成分のため、塩分摂取制限されている方でも安心してお飲みいただけます。禁忌項目はありません。

本といっしょに楽しむ ハピハピ♥ Goods&Life ヒカルランド

ルネ・カントン博士の伝説のマリンセラピー(海水療法)がついに登場！
太古の叡智が記憶された キントン(QUINTON)水

◉78種類のミネラルがバランス良く含まれています。

◉100%イオン化されているため体内の吸収効率に優れています。

◉スパイラル（らせん渦）な海流を生む特定海域から採取。生命維持に必要なエネルギーが取り込まれています。

「キントン・ハイパートニック」（海水100%）

■ 8,900円（税込）

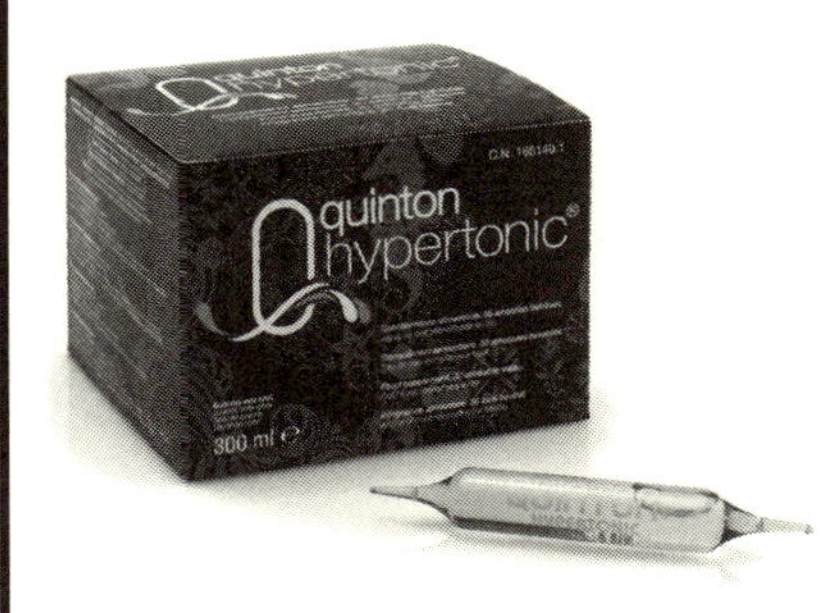

アンプル10mℓ×30本／箱
アンプル素材：ガラス リムーバー付
《1 ℓあたりの栄養成分》マグネシウム…1.400mg　カルシウム…860mg　ナトリウム…10.200mg　カリウム…395mg　鉄…0.003mg　亜鉛…0.015mg

激しい消耗時などのエネルギー補給に。重い悩みがあるとき、肉体的な疲れを感じたときに活力を与えます。毎日の疲れがとれない人に、スポーツの試合や肉体労働の前後に、妊娠中のミネラルサポートなどに活用ください。

●胃酸の分泌を促進し胃の消化を助けます。
●理想的な体液のミネラルバランスに寄与します。

「キントン・アイソトニック」（体液に等しい濃度）

■ 8,900円（税込）

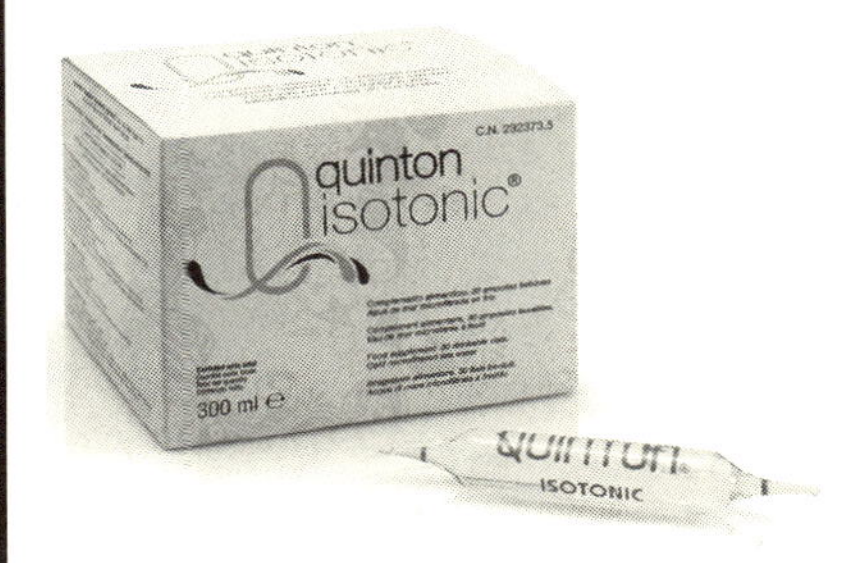

アンプル10mℓ×30本／箱
アンプル素材：ガラス リムーバー付
《1 ℓあたりの栄養成分》
マグネシウム… 255mg　カルシウム… 75mg　ナトリウム… 2.000mg　カリウム…80mg　鉄…0.0005mg　亜鉛…0.143mg

海水を体液に等しい濃度に希釈調整した飲用水。全ての必須ミネラル＋微量栄養素の補給により、細胞代謝

ガイアインソール

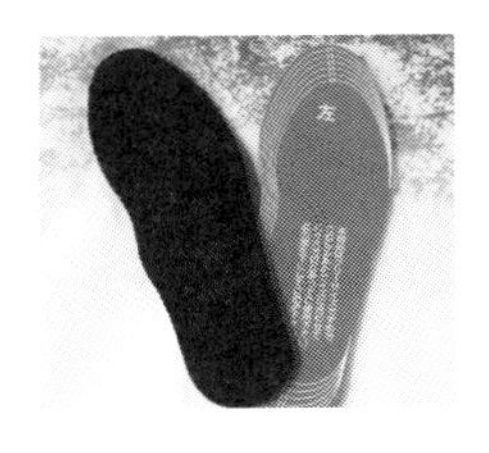

販売価格　4,536円（税込）

足の裏はほかの体の部位に比べて特に地磁気を吸収しやすくなっているのではないかと考えている丸山先生。地磁気と同じ磁気を発するインソールによって、まるで土の上を素足で歩くかのように、足裏からの地磁気の補給をサポートしてくれます。●サイズ：フリー（22〜28㎝）

※足のサイズに合わせて、製品裏の側のサイズラインに沿ってカットしてご使用ください。

丸山式コイル ブラックアイ

銅線とカーボンブラック

販売価格　4,320円（税込）

「丸山式コイル」は、人工電磁波を取り込んで中和する銅線コイル（特許技術）と炭の働きによって、静電気の影響を軽減し、電磁波を良いエネルギーへと変える不思議なコイルです。コリを和らげるだけではなく、本来の力を引き出します。コイルは半永久的に使用可。誰でもいつでも簡単にお使いいただけます！　●内容量：6個入り貼付シール30枚入

●サイズ：直径13㎜・厚さ1.6㎜

電磁波ブロッカーMAXmini（マックスミニ）α

販売価格　2,916円（税込）

「MAXmini α」は丸山式コイルの技術を生かして生まれた、パソコン、携帯電話、スマートフォンなどの電磁波を軽減するシートです。丸山式コイルでおなじみの銅線をダビンチの図形を基に平面化して、電磁波を軽減します。磁場は16.7%、電場は13.0%、マイクロ波は8.3%という電磁波逓減率。これ以上電磁波をカットすると音声が聞こえなくなる可能性があるギリギリのレベルまで低減されています。●内容：1枚（幅50×80㎜）、保護透明フィルム×2枚

丸山酵素

販売価格　12,960円（税込）

乱れた食事、不規則な生活習慣、ストレスは免疫力に不可欠な酵素を減らします。体質改善には良い酵素を摂り、新陳代謝が体質改善に必要となる4か月間正常に行われ続ける必要があります。短期熟成の生きた酵素と吸収性に優れた長期発酵の酵素どちらも入った「丸山酵素」なら、続けることで体質改善を促し、美しく健康な身体をサポートしていきます。二日酔い対策にも！　●内容量：90g（3g ×30包）　●使用の目安：1日1〜2袋

【お問い合わせ先】ヒカルランドパーク

本といっしょに楽しむ ハピハピ♥ Goods&Life ヒカルランド

丸山式地磁気・電磁波対策グッズ＆酵素サプリ
アレルギーの大家、丸山医師の逸品

地磁気ブレスレット アビリスブレインアップ

販売価格　6,048円（税込）

鉄筋コンクリートのビルに囲まれた生活で地磁気不足に陥っている現代人に、地磁気を供給してくれるブレスレット。これをつけて前頭前野（右脳や左脳）の血流を測ると、脳血流が増えたという研究結果も。脳血流が増えると、学習効果向上や物忘れ防止の効果があるそう。手首には、体の機能や免疫の働きを調節するつぼがたくさんあるので、手首にこのブレスレットをすると健康維持に。

●サイズ：S（17㎝）、M（18.5㎝）、L（19.5㎝）、LL（21㎝）

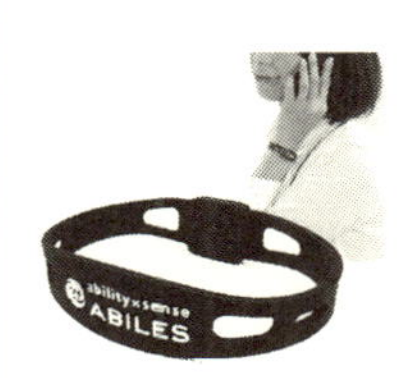

アビリスプラス ブレスレット

販売価格　6,048円（税込）

「アビリスプラス」は、人間本来の能力に働きかける最先端のテクノロジーと特許技術「ブラックアイ」がコラボレーションしたブレスレットタイプです。心身のバランスを整え､集中力が必要な場面でも最大限の力を引き出します。シリコン製で伸縮性があり運動の際に邪魔にならないので、プロスポーツ選手にも愛用されています。●カラー：白、黒　●サイズ：S（17㎝）、M（18㎝）、L（19㎝）、LL（20㎝）

アビリスプラス ネックレス　販売価格　6,048円（税込）

一日に150人以上の診療を行う丸山修寛先生が生み出した「丸山式コイル」は、電磁波を良いエネルギーへと変えます。そのコイルが入ったネックレスを下げていると、肩や首の重たい感覚がスッキリとしていきます。運動の際の装着はもちろん、日常生活防水なので入浴中にもお使いいただけます。●カラー：白、黒　●サイズ：S(44㎝)、L(51㎝)

コリドラネックレス　販売価格　5,184円（税込）

「病気ではないのに、元気がでない」という地磁気不足を解消してくれる「コリドラネックレス」。搭載されている“コリドラ”は、刻一刻と変化する地磁気を人に供給することのできるチップです。永久磁石ではなしえなかった地磁気の“f分の1のゆらぎ”を見事に人に伝えることができると考えられています。実際につけた方からは「コリがなくなった」などの嬉しい声も。

●サイズ：本体 25×12.5×3.7㎜　本革紐 800㎜

も効果的とは言えません。また、珪素には他の栄養素の吸収を助け、必要とする各組織に運ぶ役割もあります。そこで開発元では、珪素と一緒に配合するものは何がよいか、その配合率はどれくらいがよいかを追求し、珪素の特長を最大限に引き出す配合を実現。また、健康被害が懸念される添加物は一切使用しない、珪素の原料も安全性をクリアしたものを使うなど、消費者のことを考えた開発を志しています。

手軽に使える液体タイプ、必須栄養素をバランスよく摂れる錠剤タイプ、さらに珪素を使ったお肌に優しいクリームまで、用途にあわせて選べます。

◎ドクタードルフィン先生一押しはコレ！　便利な水溶性珪素「レクステラ」

天然の水晶から抽出された濃縮溶液でドクタードルフィン先生も一番のオススメです。水晶を飲むの？　安全なの？　と思われる方もご安心を。「レクステラ」は水に完全に溶解した状態（アモルファス化）の珪素ですから、体内に石が蓄積するようなことはありません。この水溶性の珪素は、釘を入れても錆びず、油に注ぐと混ざるなど、目に見える実験で珪素の特長がよくわかります。そして、何より使い勝手がよく、あらゆる方法で珪素を摂ることができるのが嬉しい！　いろいろ試しながら珪素のチカラをご体感いただけます。

レクステラ（水溶性珪素）
■ 500mℓ　21,600円（税込）
■ 50mℓ（お試し用）　4,320円（税込）

●使用目安：１日あたり４〜12mℓ

飲みものに
・コーヒー、ジュース、お酒などに10〜20滴添加。アルカリ性に近くなり身体にやさしくなります。お酒に入れれば、翌朝スッキリ！

食べものに
・ラーメン、味噌汁、ご飯ものなどにワンプッシュ。

料理に
・ボールに１リットルあたり20〜30滴入れてつけると洗浄効果が。
・調理の際に入れれば素材の味が引き立ち美味しく変化。
・お米を研ぐときに、20〜30滴入れて洗ったり、炊飯時にもワンプッシュ。
・ペットの飲み水や、えさにも５〜10滴。（ペットの体重により、調節してください）

ドクタードルフィン先生も太鼓判！
生命維持に必要不可欠な珪素を効率的・安全に補給

◎珪素は人間の健康・美容に必須の自然元素

珪素（イメージ）

地球上でもっとも多く存在している元素は酸素ですが、その次に多いのが珪素だということはあまり知られていません。藻類の一種である珪素は、シリコンとも呼ばれ、自然界に存在する非金属の元素です。長い年月をかけながら海底や湖底・土壌につもり、純度の高い珪素の化石は透明な水晶になります。また、珪素には土壌や鉱物に結晶化した状態で存在している水晶のような鉱物由来のものと、籾殻のように微生物や植物酵素によって非結晶になった状態で存在している植物由来の２種類に分けられます。
そんな珪素が今健康・美容業界で注目を集めています。もともと地球上に多く存在することからも、生物にとって重要なことは推測できますが、心臓や肝臓、肺といった「臓器」、血管や神経、リンパといった「器官」、さらに、皮膚や髪、爪など、人体が構成される段階で欠かせない第14番目の自然元素として、体と心が必要とする唯一無比の役割を果たしています。
珪素は人間の体内にも存在しますが、近年は食生活や生活習慣の変化などによって珪素不足の人が増え続け、日本人のほぼ全員が珪素不足に陥っているとの調査報告もあります。また、珪素は加齢とともに減少していきます。体内の珪素が欠乏すると、偏頭痛、肩こり、肌荒れ、抜け毛、骨の劣化、血管に脂肪がつきやすくなるなど、様々な不調や老化の原因になります。しかし、食品に含まれる珪素の量はごくわずか。食事で十分な量の珪素を補うことはとても困難です。そこで、健康を維持し若々しく充実した人生を送るためにも、珪素をいかに効率的に摂っていくかが求められてきます。

こんなに期待できる！　珪素のチカラ

●健康サポート　●ダイエット補助（脂肪分解）　●お悩み肌の方に
●ミトコンドリアの活性化　●静菌作用　●デトックス効果
●消炎性／抗酸化　●細胞の賦活性　●腸内の活性　●ミネラル補給
●叡智の供給源・松果体の活性

◎安全・効果的・高品質！　珪素補給に最適な「レクステラ」シリーズ

珪素を安全かつ効率的に補給できるよう研究に研究を重ね、たゆまない品質向上への取り組みによって製品化された「レクステラ」シリーズは、ドクタードルフィン先生もお気に入りの、オススメのブランドです。
珪素は体に重要ではありますが、体内の主要成分ではなく、珪素だけを多量に摂って

神楽坂ヒカルランド
みらくる
Shopping & Healing

大好評
営業中!!

東西線神楽坂駅から徒歩２分。音響免疫チェアを始め、メタトロン、AWG、銀河波動チェア、ブレインパワートレーナーなど全９種の波動機器をご用意しております。日常の疲れから解放し、不調から回復へと導く波動健康機器を体感、暗視野顕微鏡で普段は見られないソマチッドも観察できます。セラピーをご希望の方は、お電話、または info@hikarulandmarket.com まで、ご希望の施術名、ご連絡先とご希望の日時を明記の上、ご連絡ください。調整の上、折り返しご連絡致します。
また、火・水曜日には【カミの日特別セッション】として、通常の施術はお休みとなり、ヒカルランドの著者やご縁のある先生方の『みらくる』でしか受けられない特別個人セッションやワークショップを開催しています。詳細は神楽坂ヒカルランドみらくるのホームページ、ブログ、SNSでご案内します。皆さまのお越しをスタッフ一同お待ちしております。

神楽坂
ヒカルランド
みらくる
Shopping & Healing

神楽坂ヒカルランド　みらくる　Shopping & Healing
〒162-0805　東京都新宿区矢来町111番地
地下鉄東西線神楽坂駅２番出口より徒歩２分
TEL：03-5579-8948
メール：info@hikarulandmarket.com
営業時間［月・木・金］11：00～最終受付19：30　［土・日・祝］11：00～最終受付17：00（火・水［カミの日］は特別セッションのみ）
※Healingメニューは予約制、事前のお申込みが必要となります。